U0186812

有时候，书只不过被当作催眠的利器，

然而，一本书能让失眠的人睡去，也能让沉睡的人醒来。

有多少书，能让我们看清这个世界，成为我们看不见的竞争力；

又有多少书，能让我们在看清这个世界的同时，仍旧热爱这个世界。

阅读增添感性，也是一种新的性感。

你所读过的任何书，都会进入你的心灵和血肉，并最终构成你最甜美的部分。

关于人生大问题的答案，要你自己去慢慢拼凑；

但一本本的书给出的小小回答，却可以帮你抵抗终极的恐惧。

我们的一生有限，你想去的地方，你要做的事情，也许总不能完全成为现实。

唯有读书的时候，你可以在灵魂中撒点儿野。

要知道，人生终须一次妄想，带领我们抵达未知的生命。

你的时间那么贵，要留给懂你的人。

六人行秉承“爱与阅读不可辜负”，个人发展学会坚持“陪你成长，持续精进”。

我们想让你在爱的路上想爱就爱，在成长的路上一直成长。

我们，也想要成为你精彩人生中不可或缺的一部分。

在您还没有和这本书开始灵魂碰撞之前，我们想先送您一份见面礼：

福利一：关注微信公众号：个人发展读书会，在公众号回复【365】，即可免费加入《365天读书计划》，一年读50本书，唯爱与阅读不可辜负！

福利二：关注微信公众号：个人发展读书会，在公众号回复【14】，即可免费获得价值199元的14天沟通力提升训练营，轻松成为沟通达人！

福利三：关注微信公众号：个人发展读书会，在公众号内回复【咨询】，您将获得资深职业辅导师一次一对一的职业咨询，手把手帮您解决职业烦恼，用持续精确的努力，获得丰厚的职业回报！

我们鼓起勇气，冒昧地给未曾谋面的您，准备了这样一份礼物。如果您愿意收下，我们会为遇到了知音感到欣喜；如果您对这份礼物不感兴趣，我们也期待在未来的某一天，我们会再次相遇。

爱与阅读不可辜负

扫码领福利

别让PPT拖后腿

让工作效率翻倍的PPT偷懒秘籍

诺壹乔◎著

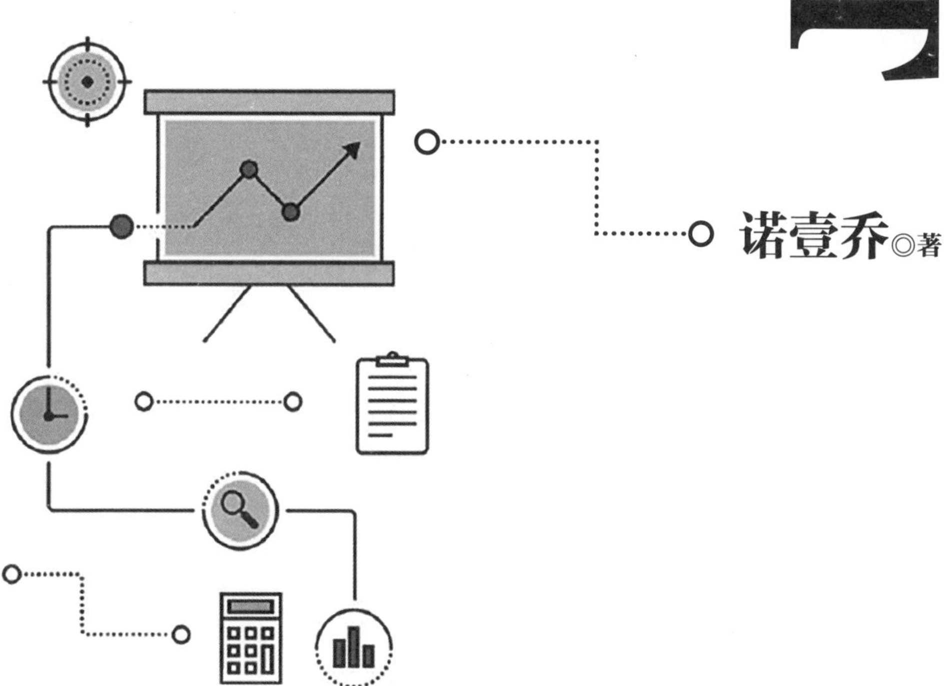

北方文艺出版社

图书在版编目（CIP）数据

别让 PPT 拖后腿：让工作效率翻倍的 PPT 偷懒秘籍 / 诺壹乔著 .-- 哈尔滨：北方文艺出版社，2020.4
ISBN 978-7-5317-4785-7

Ⅰ.①别… Ⅱ.①诺… Ⅲ.①图形软件 Ⅳ.①TP391.412

中国版本图书馆 CIP 数据核字（2020）第 027192 号

别让 PPT 拖后腿：让工作效率翻倍的 PPT 偷懒秘籍
Bie Rang PPT Tuohoutui Rang Gongzuo Xiaolv Fanbei de PPT Toulan Miji

作　者 / 诺壹乔

责任编辑 / 富翔强
装帧设计 / WONDERLAND Book design 仙境 QQ:344581934

出版发行 / 北方文艺出版社
发行电话 /（0451）85951921 85951915
地　址 / 哈尔滨市南岗区林兴街 3 号
邮　编 / 150080
经　销 / 新华书店
网　址 / www.bfwy.com

印　刷 / 朗翔印刷（天津）有限公司
字　数 / 130 千
版　次 / 2020 年 4 月第 1 版
开　本 / 710×1000 1/16
印　张 / 13
印　次 / 2020 年 4 月第 1 次印刷

书　号 / ISBN 978-7-5317-4785-7
定　价 / 79.00 元

序言
PREFACE

建筑大师路德维希·密斯·凡德罗有一句著名的口号:“less is more(少就是多)”,可我觉得这句话并不完全正确。

“每日优鲜”的CEO徐正曾说过这样一段话:“如果一个人在做一件快乐的事情,做的时间越长,心中的愧疚感就会越深;如果他在做一件不快乐的事情,做的时间越长,怨气就会越重,感觉整个世界都欠他。所以,如果用户在做一件快乐的事情,就尽可能让它复杂化。反之,如果用户在做一件让他不快乐的事情,就尽可能让这件事简单化。”

所以,如果你对一件事情不感兴趣,那它就遵循“less is more”原则,越简单你就觉得越省事。可是,如果你对它感兴趣,那它就遵循“more is less”原则,它越复杂,你就觉得越好玩。

比如买衣服。如果你对买衣服不感兴趣,那挑衣服这件事就会让你痛苦无比。就像Facebook(脸书)的创始人扎克伯格,他明明是世界级富豪,可每天都穿一模一样的灰T恤——如此一来,他就不用在买衣服上操心费神,同一款式的T恤一次买几十件就好了——他的快乐,在于追求简单。

相反,如果你喜欢买衣服,走进服装店就像走进展览馆,试穿、对比乐此不疲,那全年只穿一种衣服对你就是折磨而非福利了——你的快乐，在于追求复杂。

这一道理也适用于PPT制作。我周围有许多PPT爱好者，他们整天以钻研PPT为乐，花了大量的时间把PPT的各种功能研究到了极致。对他们来说，把一页简单的PPT做十几个版本，或者改上好几天，都是很正常的事。

可还有很多人对PPT并不怎么感兴趣，巴不得一切都能有成型的模板——改改文字就能交差最好。

简单还是复杂，人人对此选择不同，因人而异。

我写这本书的目的有两个：

1.让对PPT不感兴趣的人获得“偷懒秘籍”；

2.让对PPT感兴趣的人快速精进，把PPT做得更好。

在本书第一章，我将会告诉你为什么学PPT要学会“偷懒”。在本书第二章，我将会告诉你做PPT时经常遇到的三类问题：技术操作怎么学，没有灵感去哪找，素材太多怎么办。解决这三个问题后，你就能为后面的进步打下扎实的基础。

接着，我们就迎来了第三章——经典排版。在这一章，我会用六种经典的通用排版方法帮你解决大部分场景中的PPT排版问题。

经过前三章的铺垫，我们已经完成了技术和思路上的武装，可以应对一般的PPT了。这时，我们不妨尝试更高级别的挑战。

在第四章，我会帮助你改善PPT演示和演讲的技巧，让你的PPT不但做得好，而且讲得也好。

在第五章，我会告诉你PPT除了用来搭配演讲外，还能应用在哪些生活场景中，比如做个人简历、嘉宾海报，等等。

我希望这本“秘籍”能够帮你找到PPT偷懒的方法和技巧，让你不但可以做好PPT，更能比其他人更快、更轻松地做好PPT，做到“less is more（少即是多）”。

当然，如果你通过这本“秘籍”发现PPT很好玩、很实用，不但能做海报，还能做简历和封面，那我也同样希望你做到——more is less——用PPT完成更多的作品。

利用种种“偷懒秘籍”做个聪明的“懒人”，挺好，不是吗？

目录
Contents

CHAPTER
第一章
PPT 是一本让工作效率翻倍的偷懒秘籍

1.1 为什么要学 PPT？一次投入，长期受益 002

工作效率翻倍 003

提高生活品质 005

提升审美能力 006

1.2 会偷懒代表“高效 + 高质” 009

会偷懒，做 PPT 创意更多 009

会偷懒，做 PPT 速度更快 012

会偷懒，做 PPT 返工更少 014

CHAPTER
第二章
解决三大难题，轻松掌握 PPT

2.1 技术困惑：网上技巧太多了，永远学不完 _ 018

技术是“四肢”，思维是“大脑” _ 018

总结用法笔记，不被信息超载牵着鼻子走 _ 019

通过模仿练习，“知其然也知其所以然” _ 022

2.2 灵感困惑：避免苦等灵感，快速 get（获得）好创意 _ 028

找灵感为什么那么难？ _ 028

定向拆分，确保创意可行性 _ 030

重新组合，实现创意多样性 _ 034

2.3 素材困惑：为什么网上素材足够多，利用率却那么低？ _ 038

摆脱无效囤积，高效利用素材　038

模板篇：举一反三，活学活用　039

CHAPTER 第三章 六种核心布局帮你搞定所有排版设计

3.1 亮点版式，搞定高大上的发布会 _ 054
价值千金的亮点版式 _ 054
套路一：图片蒙板，设置“高大上”的页面背景 _ 056
套路二：突出对比，让文字设计更高档 _ 060

3.2 上下版式，避免枯燥无味的项目介绍 _ 064
套路一：大图横幅，增强代入 _ 066
套路二：图标示意，促进理解 _ 069

3.3 左右分割式，设计有质感的介绍 _ 074
套路一：抠图跨界法，快速增强图片质感 _ 076
套路二：小图拼接法，排版更显美观 _ 079

3.4 板块版式，制作条理清晰的工作报告 _ 083
套路一：直线分隔，极简主义的秘密 _ 085
套路二：矩形书签，让内容多而不乱 _ 087

3.5 星空版式，彰显有权威的产品说明书 _ 092
套路一：大图环绕，让产品变得更专业 _ 094
套路二：局部放大，让细节变得更突出 _ 096

3.6 数据版式，hold 住各种图标的数据图表 _ 101
数据呈现的三种状态：关键词、表格、图表 _ 101

3.7 核心排版应用——实战演示 _ 111
设计亮点页面，搭好骨架 _ 112
优化内容页面，填充主体 _ 114

CHAPTER

第四章

如何让 PPT 演示得高效又受欢迎

4.1 两个妙招让你的 PPT 演示更抓人 _ 122

法则一：设计节点，自然表达 _ 122

法则二：错位呈现，制造悬念 _ 125

4.2 好的开场白，演示就成功了一半 _ 128

经典结构，引发观众的好奇心 _ 129

演变结构，合理变通应对更多场景 _ 130

4.3 PPT 演示得有温度且有力量 _ 133

高招一：营造画面，迅速增加说服力 _ 133

高招二：合理转换，化解数据冰冷感 _ 136

CHAPTER
第五章
PPT 的多场景运用和变现

5.1 如何设计一份受人青睐的“好简历” _ 140

三步做出一份优秀的 PPT 简历 _ 140

制作超简单，视觉效果好的三种简历风格 _ 142

5.2 熟练玩转微信朋友圈海报 _ 151

朋友圈海报的三个特点 _ 151

好做又好看的三种海报套路 _ 152

5.3 制作酷炫短视频和 vlog（视频博客）封面 _ 160

好封面 = 点击量 _ 160

视频封面的特点 _ 161

懒人常用的三种封面套路 _ 162

5.4 hold 住新媒体的长图 _ 171

没有标准尺寸，学会化零为整 _ 171

简单且易上手的三种设计风格 _ 171

附录：懒人 PPT 自查手册 _ 182

致谢 _ 191

CHAPTER

第一章

PPT 是一本让工作效率翻倍的偷懒秘籍

ONE

提到 PPT 你能想到什么呢？设计？汇报？还是熬夜加班？

不得不说，如今的大部分职场人已经绕不开 PPT 了，但是制作 PPT 并不需要那么痛苦。总结套路，提高效率，不但能学好 PPT，还能因此长期受益。

1.1 为什么要学 PPT？一次投入，长期受益

有一次，我培训出差回来，窝在沙发上看电视。当时看的是一档真人秀节目——《我和我的经纪人》。节目中，经纪人安排演员张雨绮去体验生活——当一天老板杨天真的私人助理。

早上，张雨绮和助理进行工作交接时，老板安排工作的第一句话就是：

“你先教她做PPT。”

几乎所有公司开会时都会进行演示和演讲，演示文稿是最常见的辅助工具。多年来，微软的PowerPoint（演示文稿）软件一直都是设计电子幻灯片的主要软件，所以不少人把电子幻灯片直接叫作“PPT”。

为了方便理解，本书也遵循这个习惯，统一将电子幻灯片、演示文档和Power Point文档称为PPT。

如今，在公司里，做PPT已经成为很多岗位的基础技能：人力、运营、市场、销售……感觉人人都在做PPT。做PPT这项技能真的很重要吗?

那当然，而且如果PPT做得好，你还可以长期受益。

◆ 工作效率翻倍

要说PPT最大的好处，莫过于提升工作效率。

然而，在很多人的眼中，PPT反而降低了工作效率。比如，全球首富，亚马逊创始人杰夫·贝佐斯在2018年就定下一条规则：在行政会议上禁止使用PPT。

与之类似，Facebook的COO（首席运营官）桑德伯格、IBM（国际商业机器公司）前董事长及CEO（首席执行官）郭士纳、日本著名管理学家大前研一等人也都发表过类似的言论。

难道PPT真会降低工作效率吗?

答案是否定的。

以上大咖们反对的并不是PPT本身，而是错误的使用方式。比如，大前研一认为PPT容易让人陷入“视觉花招”陷阱，导致PPT外观漂亮内容却混乱；桑德伯格认为简洁的清单比细节详尽、洋洋洒洒的PPT更有效率；贝佐斯认为太多的PPT结构不清，会让聆听者丧失参与感，变得被动。

把以上意见概括起来就是三个词：缺结构、没提炼、不主动。

缺结构：

我们的大脑会抗拒繁杂且缺乏条理的信息，所以好的PPT要有明确清晰的叙事结构。有明确和清晰的结构可以让PPT的说服力大大加强，让对方更可能认同你的观点，进而提升沟通效率。

没提炼：

对此，日本著名风险投资家盖川崎（Guy Kawasaki）提出了PPT演示的“10/20/30法则”：

不超过10页；不超过20分钟；字号不小于30号。

虽然这一法则未被普遍用于所有的PPT，但其含义无非两个字：精简。

与Microsoft Word（微软文字处理软件）与Microsoft Excel（微软表格处理软件）不同，PPT仅适合“扫读”，不适合“精读”。一份堆满各种内容，晦涩难懂的PPT往往是因为作者缺乏提炼能力。好的PPT一定要内容精炼，可以帮助观众迅速理解重点。

不主动：

如果要统计最令人讨厌的演讲者，PPT reader（幻灯片阅读者）肯定名列其中。好的演讲者应该把PPT当作钥匙，开启一个话题，因为“人”才是演讲中的主角。主讲人要用简单易懂的话语去讲述PPT，而不是逐字逐句念稿子。

如果你的PPT条理清晰，重点突出，你能够摆脱稿子主动沟通，那你演示的效率会提高还是下降呢？答案是显然的——大大提升。

SocialCast（社会演员）的创始人Tim Young（蒂姆·杨）在一年内为旗下SocialCast和About.me融到了3轮共计1000万美金的投资。而他价值千万的PPT有几页呢？抛掉封面封底之后——只有5页。

这份PPT大大提高了双方的沟通效率，投资人凭借5页PPT，了解了他们想知道的核心内容。而且PPT内容针对性极强，几乎没有废话，说明这个团队思路清晰，目标明确，自然会在投资人心中大大加分。

这5页PPT经过创业者的千锤百炼，因此才能高效地帮助企业一年之内拿到三轮共计1000万美金的融资，大大加快了企业的发展速度。

◆ 提高生活品质

PPT的第二个好处是提升生活的品质感。

经过多年的发展，PPT的功能已经非常强大，不仅可以用来演讲，还可以做海报传单、个人名片、网站头图、排版公众号……

我成为自由职业者时的第一版名片，就是用PPT设计的。当你拥有设计能力之后，你会发现，周围原来有那么多改造机会，你也可以把自己的生活变得更美好。

晓琪是我网课的一名学员，也是一位全职妈妈，她平时会在朋友圈帮亲戚朋友卖货挣点外快。之前，晓琪对PPT很感兴趣，在家带娃之余，她开始研究PPT。对于身为全职妈妈的她而言，并没有工作型PPT的需求，于是，她开始把PPT用在改造微信上。

举个例子，通常情况下，微商展示用户评价，都会用微信聊天记录的截图，可这不免显得单调。于是，晓琪就用PPT对截图进行了优化，做成了一种“评价书签”——书签顶部是截图，底部是微信二维码，方便感兴趣的客户找到自己。

同时，到各种节日时，晓琪还会对书签的背景色和装饰图标进行调整，以匹配节日的氛围。

后来，晓琪还设计了自己朋友圈的背景图，方便微信里的朋友联系自己；又对各种微信群的背景图做了优化，将产品群、妈妈群、亲戚群等做了详细区分；还设计了自己宝宝的表情包，在聊天的时候使用，亲戚朋友都觉得特别可爱。

当你学会了PPT，就会逐渐摆脱被动地依赖素材，开始主动地生产和改造素材。你会发现，原来生活中可以设计和提升的地方有那么多。

◆ 提升审美能力

如果你以为学好PPT，只能解决做PPT时遇到的问题，那也就太小看这款软件了。学习PPT还可以提高你的审美能力。

如果你参加过驾驶培训，就会意识到很多“马路杀手”也拿到了驾照，再开车时，你就会更加注意交通安全；如果你做过烘焙，就会了解平平无奇的曲奇饼里放了多少油和糖，也许就会有针对性地改变自己的饮食习惯。同理，学会了PPT，你对周围很多事物的看法也会发生改变。

Lucy是我所在企业内训的一名学员，由于她工作中使用的PPT非常固定，每个月改改数据就可以直接用，所以她此前对于设计PPT并没有什么兴趣。但是学完PPT之后，她发现自己对生活中许多事物的态度都发生了细微的改变。

当Lucy学会了PPT的色彩搭配，再去西餐厅的时候，发现原来那些巧克力酱、草莓酱的作用是用来提高菜品盘子上的色彩比例；当她学会了PPT的排版布局，再看时尚杂志的时候，便会关注上千字的稿子和那些精美的图片是如何布局的；当她学会了文字对比设计，再去看地铁和公交站，她发现广告海报中永远不会只有一种字号，大字、中字、小字都是经过悉心搭配的。

她开始关注很多以前从未关注的东西。无论是逛街、吃饭，还是看电影，事情都变得更加有趣，体验也越来越丰富。曾经与她完全无关的设计开始与她产生交集，不知不觉间，Lucy从“设计绝缘体”变成了“优秀设计者”。

全心投入，长期受益

PPT其实是一个引子，很多人通过学习，把自己最恐惧的短板变成了长处，不但解决了工作中遇到的问题，还打开了新世界的大门。他们有的通过PPT锻炼自己的设计思维能力，提升自己的品位及审美；有的提升了工作效率，可以更高效地完成工作；还有的开始成为兼职设计师，通过PPT模板挣到了外快。

技能学习往往不是为了现在，而是为了以后。如果你能把PPT变成自己的一项王牌技能，相信它带给你的收益是长期的。

1.2　会偷懒代表“高效+高质”

你肯定见过那种会学习的人：同样的科目，他们就是比你学得更快，记得更牢。

他们能成为“学霸”，先天的天赋肯定占有一定的原因，但更重要的是，他们掌握了恰当的“偷懒”方法。

聪明人都会“偷懒”。这里的偷懒不是偷工减料、好吃懒做，而是在保证质量的情况下，更快速、更轻松地完成工作。所以，我一直自称“懒人诺壹乔”，这是因为我希望自己能在保证质量的情况下更快地完成PPT。

我对我的学员做过统计，他们完成一页简洁风格的PPT平均需要10-15分钟，而我能把这个时间压缩到3分钟。这个时间差意味着什么呢？——同样是做20页的PPT，我会提前1-2小时完成。

所以，我经常鼓励学员多“偷懒”，高效率地完成PPT。

◆ 会偷懒，做PPT创意更多

很多人做PPT，最痛苦的就是没有灵感和创意——排版没灵感，配色没灵感，素材没灵感，拖上一天也做不出几页来。

会偷懒的人是如何摆脱“灵感荒”带来的影响呢？我的建议是四个字——归纳总结。很多人做PPT没灵感的时候就去看网上的模板或者优秀作品，看一个仿一个，最后筛选出自己能用的设计。

而会偷懒的人则会把自己见过的设计进行归类，实现“四两拨千斤”，把创意性工作转换成机械性的排列组合，这样自然就不容易缺灵感了。

举个例子，电商APP（应用程序）首页的图片Banner（横幅）呈现方式会根据用户的浏览习惯和喜好而变化。也就是说，几乎每一位消费者看到的淘宝首页都是不同的。每年“双十一购物节”期间，阿里旗下的天猫和淘宝每天要展示数百万甚至上千万张不同的Banner。

你可能会想，这样巨大的工作量得需要多少设计师啊？

阿里有很多聪明人，他们设计了人工智能设计程序“鹿班”。

“鹿班”首先通过学习Banner设计常见的成百上千种版式，建立Banner排版的基本模型。然后，它会根据模型的分类收集不同的素材：文案、产品、背景、点缀元素、logo（标志），等等。通过“排版+素材”的排列组合，“鹿班”几乎可以无限生产各种各样的Banner。

而通过“鹿班”设计出的Banner，不但风格统一，而且美观大方。

2017年的“双十一”期间，“鹿班”共设计了约四亿张Banner，平均每秒8000张！

低效的勤奋者喜欢等待灵感出现，而聪明的偷懒者会通过构建模型，彻底解决“灵感荒”的问题。至于构建模型的具体方法，我会在2.2章中为你进行详细的剖析。

◆ 会偷懒，做PPT速度更快

除了灵感问题，还有一个常见的困扰就是制作PPT的速度太慢。很多时候，速度的快慢决定了你下班时间的早晚。

有人说，制作PPT的速度是靠练的，练多了就好了，就像是语文课本中《卖油翁》里的那句话："我亦无他，惟手熟尔。"

话是没错，可是如何练习才能最快速地提高速度才是关键。想要提高技能，普通人会"刻苦练习"，而聪明人则会"刻意练习"。

别看只是一字之差，其实它背后的差别非常大。刻苦练习好理解，就是起早贪黑不怕累，可"刻意练习"是什么意思呢？总结起来是五个字：破除自动化。

相信你肯定有过技能"自动化"的经历：骑车的同时还能和朋友聊天；吃饭的同时还能给同事打电话；做饭的同时还能追电视剧……我们的大脑允许我们下意识地完成某些技能，但副作用就是——这些技能无法继续提高。

高手会用"刻意练习"来打破自动化状态。比如跑步，人人都会，可是好的跑者永远不会让跑步陷入"自动化"——他们会在迈出每一步时分析是脚尖落地还是脚跟落地，落地是靠前还是靠后，呼吸和步伐的配合是否协调，等等。

美国著名高尔夫球球星"老虎"伍兹有一项绝技：如果挥杆途中

发生意外，或他感觉自己状态不对，可以硬生生地停止挥杆，重新开始——宁可停止，也不让动作“自动化”完成。是的，你只有走出舒适区，破除自动化，才能快速提升技能。

再回到PPT制作的话题上来。

为什么会偷懒的人能做得更快呢？这是因为聪明人在做PPT的时候也会“刻意练习”。比如说复制文本，在PPT里复制一段文本有多种方法：

1. 鼠标右键复制、粘贴；

2. 用快捷键CTRL+c和CTRL+v；

3. 用快捷键CTRL+d；

4. 按住CTRL+鼠标拖拽。

这几种方式都可以实现“复制”。而且，理论上，用哪个方法都可以。

既然殊途同归，普通人也许从来不会研究这几个方法背后的优劣，而高手一定会提前花一点点时间去研究哪种方法更省时：比如，复制文本框的时候，“CTRL+鼠标拖拽”的方法是最快的。如果再加上SHIFT键，就可以在平移的同时实现复制，一步到位，效率最高。

于是，高手只要遇到复制文本框的情况，就一定会采用

“CTRL+SHIFT+拖拽”的方法，因为它是所有方法中效率最高的。

同样的道理，在PPT中插入图片也有很多方法，哪种方法更快呢？把一段文字拆分成多个部分，怎样操作会更快？把多段文本的颜色、字号、行间距进行统一，如何操作更快？

高手一定会提前研究，找到最省时间的办法，刻意练习，养成良好的工作习惯。而这些习惯会在每一次操作中为你节省一点点时间，最后积少成多，让你花比别人少30%-50%的时间高效完成工作。

记得有一年，我需要为全部门两百多个课件的PPT统一风格，工作量极大。几乎每个工作日，我都要完成一份PPT的修改。当时，我并没有按照以往的习惯去制作PPT，而是先设计工作流程，为后期节省更多的时间。

每做一个PPT，我都会尝试1-2种可能提高效率的新办法：哪种风格的模板更好用？如何快速统一图片大小？同样的操作，用鼠标和快捷键哪个效率高？在刻意训练一年之后，我制作PPT的速度和效率突飞猛进。

低效的勤奋者喜欢多次重复练习，而聪明的偷懒者会不断破除自动化，刻意练习。在本书中，我会分享很多提高PPT制作速度的方法，也会讲解很多经典的案例，希望你也能做到刻意训练。

◆ 会偷懒，做PPT返工更少

设计得好，制作得快，这难道就可以了吗？其实它背后还有一个隐藏的陷阱——返工。如果你辛辛苦苦做完了一份PPT，结果客户不满意，让你重新返工，你是不是会很气馁呢？

很多人遇到这种情况只会自认倒霉，客户要求怎么改就怎么改。可是像我这种懒人，实在是忍受不了反复修改带来的精力消耗。于是，我汇总了常见的返工意见，做了一个大致的分类：

风格不满返工，页面尺寸返工，页面底色返工，内容替换返工。然后，我研究出了对应的解决措施，比如提前制作风格小样，页面尺寸样机展示，页面底色搭配建议，PPT内容四轮确认机制，等等。

这样，我在做PPT的时候就有了一份标准流程。实践证明，这份流程图帮我完成了超过一千份PPT，虽然不能完全避免返工的问题，但是使得返工的比例大大下降。

与其无效努力，不如聪明地偷懒

马尔科姆·格拉德威尔在《异类：不一样的成功启示录》里提到“1万小时定律”——1万小时的持续练习，可以让任何人从平凡变成世界级大师。

有一次，我和朋友聊到“刻意练习”的话题。朋友说了句自嘲的话：“车龄10年，厨龄20年，加起来都超过1万小时了，可我哪个也没成大师。”其实，这是一个普遍的现象，我周围很多人做过的PPT已经有一百多个了，可是PPT的水平和效率却没有明显提高。

如果一个人能够持续稳定、高效地完成PPT，那他一定善于思考和总结，能够刻意练习。所以，在接下来的章节中，我会将自己总结的“偷懒秘籍”分享给你，让你学得更快，做得更好，水平更稳，思路更清晰。

CHAPTER
第二章
解决三大难题，轻松掌握 PPT

TWO

在上一章内容中，我们了解了学习 PPT 的必要性，以及我的“偷懒观”。而事实上，在学习 PPT 的路上，有相当一部分学员是被三个困惑“吓跑”的：

1. 网上 PPT 教程那么多，到底怎么学；

2. 技术都学会了，做起来还是没灵感；

3. 有了灵感，却总找不到合适的素材。

不把这三个困惑想清楚，是无法进行后期学习的。要知道，我们接触的教程越多，脑子就越乱。因此，本篇内容将为你搬走这三座大山，化繁为简。

2.1 技术困惑：网上技巧太多了，永远学不完

◆ 技术是“四肢”，思维是“大脑”

1965年，丹麦心理学家做过一个实验：让象棋大师和象棋新手都看5秒棋盘，然后移走全部棋子，让他们分别复盘棋局。

结果毫无悬念：象棋大师秒杀新手。象棋大师的复盘正确率高达90%，而象棋新手的正确率连一半都不到，仅能达到40%。

为什么在同样的时间内，象棋大师的复盘正确率会那么高呢？难道真的是他们的脑子比较好用？其实不然。研究人员发现，关键在于大师不是以棋子为记忆单位的，而是按模型或模块记忆的。试验中，象棋大师会将棋盘分成7-8个模块分别记忆，化整为零，这样就能记得更快，也记得更牢。

同样的东西，如果每次都把它当作零碎的信息去记忆，势必会消耗多余的精力，事倍功半。但是，如果你能够学习、总结和归纳，把它拆解成多个不同的模块，记忆和回想的速度就会快很多。

比如我给你看一串字符：PEKSHACANSZX。你是不是感觉毫无头绪？这串字符看上去好像没什么意义，如果让你背诵，你可能需要背3

分钟，甚至更久，还可能会出错。可是，如果你经常出差或者旅游，你也许会发现，这串字符其实是有规律的：

PEK-北京首都机场、SHA-上海虹桥机场、CAN-广州白云机场、SZX-深圳宝安机场。

这样一拆，是不是这串字符就不再是无意义的字母乱码了？其实，它们就是“北上广深”的四个机场。这样一拆解，我们就可以迅速记住这串字符，并将它们复述出来。

做PPT也是同理：各种软件的操作及设计上的技术都属于四肢，如果没有大脑指挥，它们就发挥不出最大的威力。

举个例子，很多人喜欢在网上看优秀作品，可是，如果你没有清晰的认知体系，那么看的作品越多，思路就会越乱。

那么，该如何构建知识体系呢？

◆ 总结用法笔记，不被信息超载牵着鼻子走

建立知识体系的第一步是将信息进行基础分类。为了讲解分类的重要性，我们做一个小测试。

假设你是一名教师，准备讲解一堂公开课，觉得目前的课件风格有些沉闷，希望改进一下。而你在网上看到了以下10篇PPT文章，你会读哪篇呢？

1. 充满质感的裂纹字怎么做?

2. 高清免费版权图片网站汇总

3.PPT 文字多怎么办? 一篇讲懂PPT修改思路

4. 让PPT拥有古典感与高级感

5. 原来折纸风格PPT那么简单

6. 为什么4∶3的PPT排版总是不好看?

7. 五种方法，让慕课/微课型PPT更生动

8. 利用iSlide插件提高PPT制作效率

9. 作品图片多，页面堆满了怎么办?

10. 向《知否知否》学习中国风设计

是不是感觉每篇都对自己有帮助？又是不是感觉信息很零散？这让我想起了电影《后会无期》里的一句台词：“听过很多道理，依然过不好这一生。”这句台词应用到PPT领域就变成了：“看过很多好教程，却依然做不好PPT。”

你也许关注过几十个公众号，阅读过一百多篇PPT教程，买过好几

本书，甚至还报了好几门课，但这样下来最后却感觉越学越乱，头脑里好像有很多PPT的小妙招，可是真到用时却好像都不记得了——这就是没有进行分类整理的结果。

我会把各种PPT知识按照用途分成三个大类："排版与思路"——主要解决页面布局方面的问题；"元素与风格"——主要解决PPT不够精致，不够有独创性的问题；"工具与平台"——主要解决效率问题，或者通过第三方工具解决PPT无法实现的功能。

这样一划分，这10篇文章就可以进行如下归类：

【排版与思路】

3. PPT文字多怎么办？一篇讲懂PPT修改思路（教研类PPT）

6. 为什么4:3的PPT排版总是不好看？（教研类PPT）

7. 五种方法，让慕课/微课型PPT更生动（微课排版设计）

9. 作品图片多，页面堆满了怎么办？（多图PPT排版）

【元素与风格】

1. 充满质感的裂纹字怎么做？（讲解安全知识可用）

4. 让PPT拥有古典感与高级感（讲解西方艺术史可用）

5. 原来折纸风格PPT那么简单（与扁平风模板搭配）

10.向《知否知否》学习中国风设计（讲解中国艺术史可用）

【工具与平台】

2. 高清免费版权图片网站汇总（高清免费版权图片）

8. 利用iSlide插件提高PPT制作效率（快速找到PPT模板）

可以注意到，我不但将这10篇文章做了分类，还写了一些与自己的教学工作相关的标签，这些都便于未来的搜索与使用。

回到我们前文提到的问题——“风格有些沉闷”，那我们就只需要关注“元素与风格”里的文章就可以了。以后我们在网上看到更多的文章，都可以陆续归档到这三个门类里，当数量达到一定程度的时候，还可以进行二级细分，比如可以按照操作难度分成低中高等。

你也可以利用这种方法总结本书之中的知识点，从而获得一份独一无二的PPT用法笔记。而且，你还可以在未来不断丰富和补充它。

◆ 通过模仿练习，“知其然也知其所以然”

有了用法笔记还不够，我们还要适时地实践，将输入与输出有效结合起来。

不知道大家有没有看过一部电影——《夏洛特烦恼》，里面有一个片段是主角夏洛问一个大爷："大爷，马冬梅是不是住这里啊？"

结果"马冬梅"这三个字，大爷听了三遍，愣是记不住，第一次说"什么冬梅"，第二次说"马什么梅"，第三次说"马冬什么"。大爷每次都忘一个字，把夏洛气坏了。看到这里的时候，整个电影放映厅里的观众都笑了。

这个现象在学习心理学上被称为"熟练度错觉"，即当你重复输入一个信号的时候，你的大脑会迅速麻木，然后发出停止信号，告诉你："快看吐啦！别再看啦！"可是这个信号真的代表你记住了吗？未必，因为实践才是检验真理的唯一标准——是骡子是马，拉出来遛遛才知道。

在PPT的学习中，"马冬梅陷阱"（或者叫熟练度错觉）会经常出现。比如某个页面制作起来非常简单：插入一张图片，插入两个文本框，再画一条线，这样就可以了。在看了三遍课程之后，你觉得你已经滚瓜烂熟了——这很可能就是熟练度错觉。

等你真正实际操作时，图片选择要注意什么问题，文本框该如何快速调整，直线到底放在哪个位置，其实都是有讲究的。

如何通过模仿练习来加深对设计的理解呢？这里我推荐两种模仿练习：像素模仿和替换模仿。

像素模仿——巩固技术

模仿练习有两个目的，第一个目的是巩固技术操作，弥补技术漏洞。

在学习PPT的初期，我一直鼓励学员进行像素级的模仿，也就是100%的仿造，力求做出来绝对一样。

举个例子，同样是设计带有金属感的文字，很多人会说那不就是渐变吗？没错，可是看一看上图中左右两个渐变，它们一样吗？好像看上去差不多，但是如果以“像素级模仿”的角度去看，你会发现，二者的渐变完全不一样：

左侧是从白到黑，两种颜色，呈45度角的渐变。而右侧的渐变有四种颜色，从深色、浅色到深色，最后再到最深。而且，它们的间距也是不同的。

如果你模仿这些细节的时候只求“大概如此”和“差不多”，就会忽略很多高手精心设计的细节。要知道，很多技巧必须得做几次像素级的模仿才能真正掌握。

像素模仿能让你的观察更加敏锐，细节更扎实，技术更全面。你可以模仿网页，可以模仿UI，可以模仿别人的PPT，甚至可以模仿别人的海报——最终目的都是为了磨炼技术。

替换模仿——分析原理

模仿的第二个目的是分析原理。

很多人在设计PPT的时候只“知其然，不知其所以然”——我只知道这里放一张图片好看，可是我并不知道为什么这么放好看。

而这些道理大家也可以通过模仿练习来学习。关于模仿的方法，我的建议是用“替换型模仿”。

什么叫“替换型模仿”呢？就是在模仿完高手的作品之后，对其中的一个或者几个元素进行替换，并与原稿进行对比，看看有什么差别。

举一个例子，看上页四张图片，其中，右下角那张是我做出来的最终稿。如果你只进行像素级模仿，你可能会做出一模一样的页面，却不知道为什么会选择这个纹路而不选择其他元素。

我在模仿的过程中，会不断地换颜色，换字体，换图片，换图形，思考哪个会更好，以及为什么更好。最终，我选择了右下角那张图片。

如果替换之后的页面比原稿好，那么恭喜你——你获得了一种更好的设计，在此，你可以思考一下它到底好在哪里。如果替换之后，你发现它还不如原稿，那么就思考一下，作者在这里为什么要采用这种设计。

经过多次的替换和尝试，你会发现，其实很多设计都是有目的的，比如对角线设计往往是为了平衡页面的重心，边框的设计往往是为了扩大元素的视觉面积。要想知道每一个设计元素的目的是什么，这就需要我们在反复对比之后摸索出隐藏在其中的规律。

“替换型模仿”的目的，是为了让我们明白每一个设计背后存在的意义和功能。

总结提升

本节，我们总结了在PPT技术学习方面常遇到的问题。无论是看书也好，学习课程也罢，我们要学习的内容越来越多，也越来越需要建构自己的体系。

同样，我们在本节中也学习了两种构建体系的方法：用法笔记和模仿练习。

用法笔记是将各种教程按照用法分类。我个人通常会将其分成三类：排版与思路、元素与风格、工具与平台。今后，无论你看到什么内容，都可以将其归到这三个体系之中。

模仿练习是将输入与输出相结合，巩固技术。本节提到了两种模仿的方式：巩固技术和观察力的像素模仿，思考设计功能的替换模仿。

2.2 灵感困惑：避免苦等灵感，快速 get（获得）好创意

很多人在做PPT之前都会去网上查看优秀案例，寻找灵感。可是，创意无疆，“跑题”也无限。退一步讲，就算你坚持一心一意地找灵感，可是“灵感”来无影去无踪，你并不知道它什么时候会来。

更可怕的是，PPT越重要，拖延症就越严重，很多PPT就这么一拖再拖，最后耽误了进度。

◆ 找灵感为什么那么难？

灵感问题怎么解决呢？以下这两种方法千万不要尝试：头脑风暴和照猫画虎。

很多人找灵感常见的方法就是头脑风暴：把所有的想法收集起来，逐个筛选。这种方法的优势是能收集到天马行空的创意，但是缺点也显而易见——可操作性不足。天马行空很容易，可是落实就是一个大难题了。比如，很多人想用PPT做一个深度交互的教学课件，这肯定比传统翻页的PPT要好。想法很好，可是如果你不会编程，就会发现，这根本实现不了。

找灵感的第二种常见方法是照猫画虎。通俗点说，就是“抄”灵

感。像花瓣网这类网站上就有各行各业的优秀作品，看多了总能找到灵感。这一方法比头脑风暴更具可行性，可是，在具体执行时，还是会遇到各种问题。比如，网上的优秀设计基本都是用Photoshop（PS）、Illustrator（AI）、After Effects（AE）等软件做出来的，而PowerPoint并不是一款专业的设计软件，很多效果是做不出来的。

所以，头脑风暴和照猫画虎的问题非常类似，即我们不能保证想出来或者在网上找到的灵感一定适用于PPT。那么，怎样找灵感才靠谱呢?

定向拆分+重新组合

知乎大V采铜曾经说过一个叫作“形态盒子”的结构化创新方法，总结起来就是这两句——定向拆分，重新组合。这可以让我们批量生产可操作的新创意。

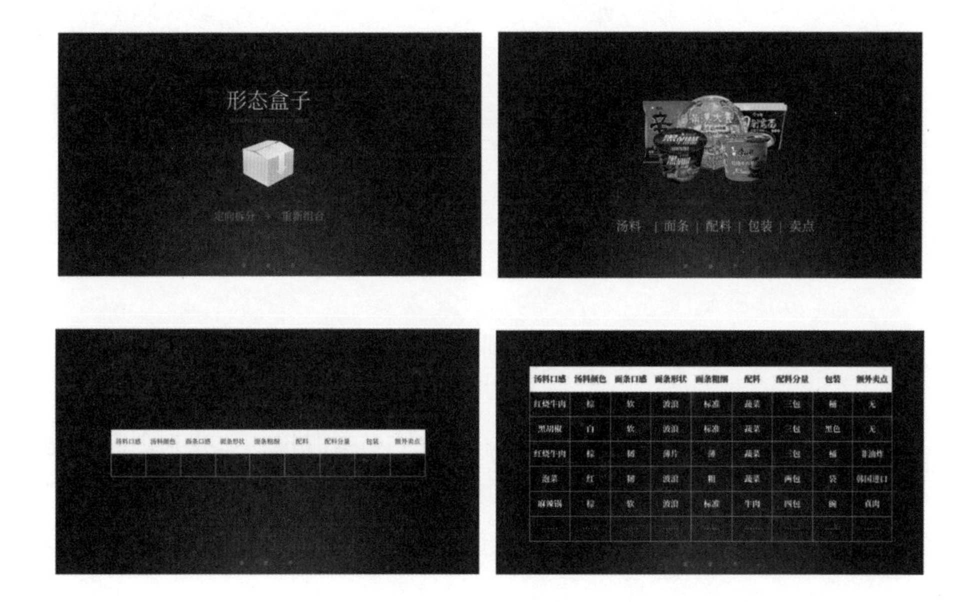

以方便面为例，方便面的市场份额和利润一直在下降。我们不妨对方便面进行拆解，将其分为汤料、面条、配料、包装和卖点五部分。此外，汤料、面条还可以继续细分为口感、颜色、形状，等等。这样，我们就可以列出“方便面产品特点一览表”。

接下来，我们来看几个产品：康师傅红烧牛肉面，康师傅黑胡椒牛排面，今麦郎红烧牛肉刀削面，辛拉面，满汉大餐……我们可以将它们逐一进行拆解，并且把它们的产品特性填写到表格之中。

要注意的是，这个表格中的所有信息都来自已经量产上市的产品。也就是说，这里面每一项产品的特点都具有可操作性。同理，我们将这些特点进行重新组合之后的产品，也应该具有可操作性。

拆分完毕后，就该重新组合了。比如我们完全可以混搭出这样一个产品：黑胡椒口味+白色面汤+刀削面形态+真空包装牛肉+碗装方便面。这样重新搭配出来的产品既有足够的创新性，又有很强的可操作性。

这种拆分组合的方式能不能用于PPT设计呢？答案是肯定的。

◆ 定向拆分，确保创意可行性

还记不记得我们在第一章中提到过的阿里“鹿班”AI设计？

有一个朋友给我做过一项测试：他找了三幅海报，让我判断哪幅是人工智能设计的。结果，我和其他85%的人一样，都指错了。“鹿班”和人类设计师不同，它的设计效率远胜人类，它的高效率背后的原理也是定向拆分+重新组合。

那么，具体应该怎么做呢？

1.找到资料库

为了保证结果的可操作性，拆分的材料必须和输出目标相同。“鹿班”想做Banner，它拆分和储备的素材也都来自Banner。同理，如果我们想设计PPT,那么拆分的素材也必须是PPT。

我通常会去pptstore（PPT商城）、稻壳儿等模板网站寻找高手制作的PPT（你也可以去花瓣网、pinterest之类的网站去寻找更多的作品）。记住，足够的素材是拆分的基础。

2.限定小范围

为了降低工作量，我不建议对优秀作品“见一个拆一个”，而是应该划定一个基本的范围。比如，你希望做一个中国风的PPT，那就只去拆解中国风的模板。这样，你的拆解结果会更具针对性。

3.划分维度

最后，就可以对素材进行拆分了。我通常会把一页PPT分成六个维度：布局方式、页面背景、标题样式、装饰元素、图片处理、文字呈现。

接下来，我们以下面四个扁平风格的模板为例，拆分一下这些模板的封面。

案例 1

布局方式	页面背景	标题样式	装饰元素	图片处理	文字呈现
中心布局	纯色背景	单行标题	斜线线条	矢量图标	无特殊

案例 2

布局方式	页面背景	标题样式	装饰元素	图片处理	文字呈现
中心布局	图片背景	中英标题	无特殊	透明蒙板	两侧横线

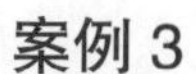

案例 3

布局方式	页面背景	标题样式	装饰元素	图片处理	文字呈现
上下分割	图片背景	单行标题	色块彩带	无特殊	无特殊

案例 4

布局方式	页面背景	标题样式	装饰元素	图片处理	文字呈现
斜线分割	纯色背景	主副标题	菱形色块	菱形裁剪	粗细对比

对上述四个案例进行拆分，我们就可以获得一个扁平风格的PPT模板封面要素表。同理，我们还可以拆分扁平风格模板的目录、章节页、内容页、示意图，等等。

扁平风格 PPT 模板封面要素表					
布局方式	页面背景	标题样式	装饰元素	图片处理	文字呈现
中心布局	纯色背景	单行标题	斜线线条	矢量图标	无特殊
中心布局	图片背景	中英标题	无特殊	透明蒙板	两侧横线
上下分割	图片背景	单行标题	色块彩带	无特殊	无特殊
斜线分割	纯色背景	主副标题	菱形色块	菱形裁剪	粗细对比

◆ 重新组合，实现创意多样性

有了素材储备，接下来我们就要对其进行重新组合。看一看上面的表格，尝试从每个维度选取一个自己喜欢的方案。比如，我选择了以下两种搭配方式：

方案A

我选择了斜线式布局，用纯色背景搭配中英双语的标题，装饰元素则采用色块彩带，并增加了透明蒙板。

重组方案 A					
布局方式	页面背景	标题样式	装饰元素	图片处理	文字呈现
中心布局	纯色背景	单行标题	斜线线条	矢量图标	无特殊

中心布局	图片背景	中英标题	无特殊	透明蒙板	两侧横线
上下分割	图片背景	单行标题	色块彩带	无特殊	无特殊
斜线分割	纯色背景	主副标题	菱形色块	菱形裁剪	粗细对比

简单组合之后，我做出了下面这个页面（图A）。

你以为这是唯一答案吗？绝不是！把方向简单地调整一下，换一种颜色，立刻会多出另一个模板（图B）。

图 A

图 B

方案B

我们选择上下布局+图片背景的组合。标题选择单行文字，两侧增加横线装饰，装饰元素则选择菱形色块+矢量图标。

重组方案B					
布局方式	页面背景	标题样式	装饰元素	图片处理	文字呈现
中心布局	纯色背景	单行标题	斜线线条	矢量图标	无特殊
中心布局	图片背景	中英标题	无特殊	透明蒙板	两侧横线
上下分割	图片背景	单行标题	色块彩带	无特殊	无特殊
斜线分割	纯色背景	主副标题	菱形色块	菱形裁剪	粗细对比

重组之后，我们就能设计出下面的页面（左）。当然，这绝对不是方案B的唯一正确答案，看一看下面右侧的页面，它同样也是上下布局，菱形装饰的。

总结提升

本节我们探讨了PPT有关灵感的问题，并且学习了一种相对靠谱的寻找灵感的方式：定向拆分+重新组合。

定向拆分。即将成型产品中可以借鉴的元素拆解出来。我们可以寻找合适的素材来源，确定一个方向，然后按照不同维度进行拆分。我个人常用的维度是：布局方式、页面背景、标题样式、装饰元素、图片处理和文字呈现。

重新组合。在拆解完毕之后，我们会拥有一个庞大的素材库，可以按照不同的维度进行重新组合，获得一个具有可操作性的灵感素材库。我们可以借助这个大方向设计出独一无二的作品。

最后，还是那句话——聪明人都会“偷懒”，找灵感也不例外。

2.3 素材困惑：为什么网上素材足够多，利用率却那么低?

◆ 摆脱无效囤积，高效利用素材

为了做好PPT，很多人会搜集大量PPT素材，比如PPT模板、高清图片、数据图表，等等。适当使用素材当然可以提高我们制作PPT的效率，可随着搜集的素材越来越多，很多人开始产生“无效囤积”——下载了大量的资源包和素材包，最后却发现素材越搜集越多，利用率反而越来越低。

为什么囤积素材容易变成低效行为呢？原因有三：

1.针对性低。

无论是模板还是图表，设计者的初衷都是想让它们被广泛应用，这样才能吸引更多人下载。很多人都希望能找到最完美的模板——主题针对性强，排版方式符合自己的要求，如果岗位和行业还能对应上，就再完美不过了。

但是，你几乎不可能从网上下载到这种模板。

2.风格混乱。

网上的大多数资源包没有被整理过，一打开里面是数十个甚至上百个单独放置的文件夹，名字各异，也没有编号。如果把各种风格的PPT交错粘贴在一起，会显得很混乱，让人抓不住重点。

3. 使用不便。

互联网越来越发达，网上的PPT资源也越来越多。我在网上看到过5G、10G、30G，甚至5000G的素材包。如果将这些没被整理过的素材堆在一起，就连逐个看一遍都会耗费你大量的时间。

所以，长期囤积素材是一种性价比较低的行为。而制作一个分类严谨、内容丰富的素材库，成本又太高。那面对海量的PPT素材时，我们该怎么做呢？我会从模板和图片两方面分别说明我的PPT素材“偷懒”之道。

◆ 模板篇：举一反三，活学活用

提到PPT，很多人第一时间就会想到模板。网上的模板资源太多了，关注公众号送模板，学网课送模板，参加论坛送模板……那么多模板，可为什么没有一个能让自己满意呢？

我在前面讲过，网上的模板几乎都是通用型的——它们不针对任何一个行业。所以，我们要打破幻想，看清模板的本质，并建立起自己的模板体系。

为了使用好模板，我总结了PPT模板使用的“123原则”：一种风格，两大元素，三类改造。

一种风格

一种风格：扁平风格。PPT的风格有很多种：传统水墨风、色块扁平、2.5D微立体风、故障图片风、炫彩渐变风、线条极简风，等等。其中，最实用的风格就是扁平风。

扁平风的PPT主要利用色块划分区域和装饰页面。它的特点是不注重绘制立体感，所以其中的渐变、阴影和高光等元素非常少。与那些特别炫目的PPT模板相比，扁平风的PPT制作难度不高，排版和调整也相对容易，非常适合工作和日常使用。而且，扁平风也很流行，你去任何一个PPT模板网站上搜索“扁平风”，都能找到大量素材。

两大元素

了解了什么风格做起来简单之后，我们还需要知道模板为什么能够帮我们省时省力，洞察模板的本质。

现在，来看一个小魔术，你可以看到，左下图有一个绿色的模板，如果请你给这个模板起一个名字，你会给它起什么名字呢？比如，你可以叫它“田园风格小清新模板”。

更换一下图片，上页右下图你觉得它又该叫什么呢？或许可以叫它“绿色能源主题模板”？再改一改，就变成了左上图“医学主题模板”；换张图，右上图又变成了“极限运动主题模板”。

短短1分钟内，我们就可以把一套绿色主题的模板变成四套完全不同的模板！是不是很神奇？

这里有一个公式：

好模板 = 主题 + 风格 + 排版

其实，模板提供给我们的核心元素只有三个：主题、风格、排版。主题通常由背景图决定，风格通常由配色和装饰决定，而排版则相对独立——网上的PPT模板基本都是通用的排版样式。

明白了这一点，你就能知道模板最重要的是两大元素——主题和风格。

如果你在网上下载了一个模板，可是对主题和风格都不太满意，那应该怎么办呢？请看下面关于成品模板“三类改造”的讲解。

三类改造

这里以微软官方 Office Plus 上的一个模板作为案例，演示一下模板的改造技巧。

假设我们现在要做一个高端冷餐会的策划案，可是目前的模板是以建筑为主题的，那我们该怎么办呢?

我们可以进行三类改造：改背景，改颜色，改顺序。

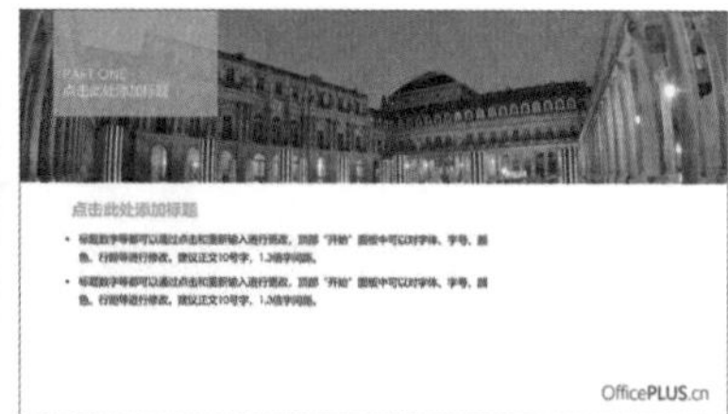

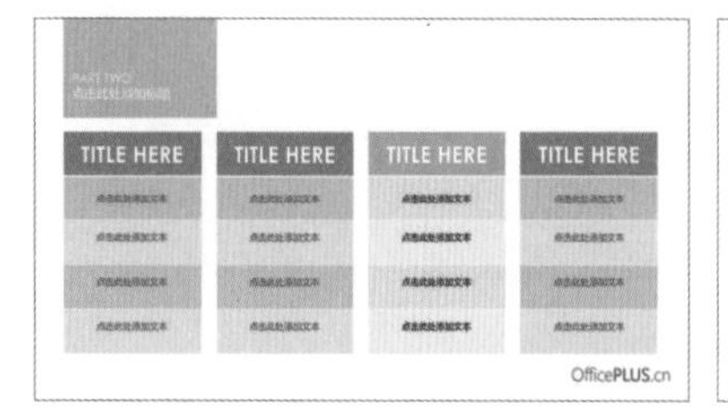

1.改背景：

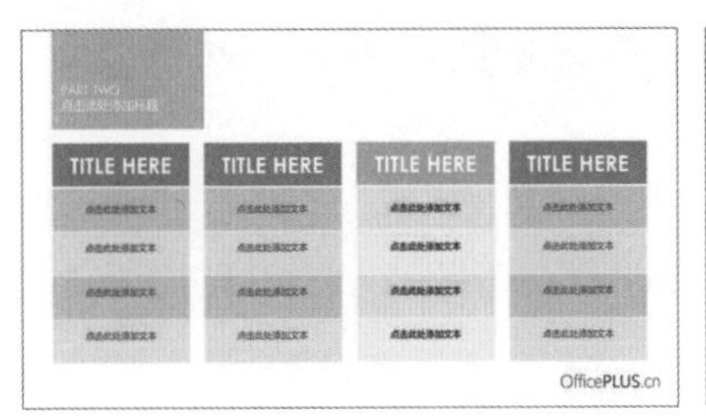

首先是改背景。先找一张美食图片替换原本的建筑图片，以呼应冷餐会的主题。但是，在很多时候，网上下载的PPT模板为了避免用户不小心挪走背景图，都会直接锁定背景。如果你发现背景图不能直接删除，一般有两种可能。

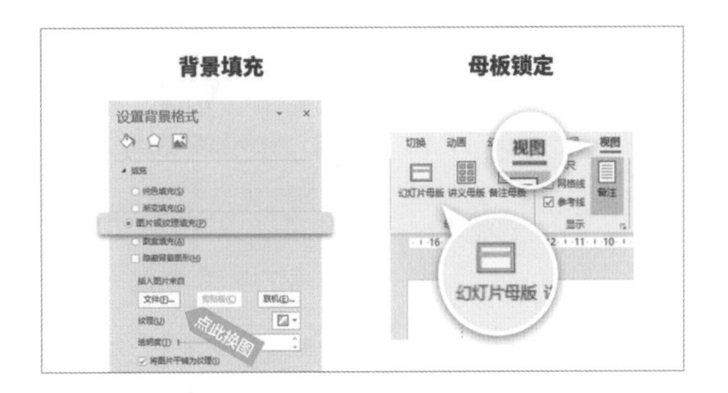

（1）背景填充：

在页面空白处点击右键，选择[设置背景格式]，看一看是不是处于[图片或纹理填充]。如果是，可以通过下方的[插入图片来自]-[文件]将背景图替换成其他图片。

（2）母板锁定：

如果更改背景填充无效，那说明背景图的母板被锁定了。我们可以通过[视图]-[幻灯片母版]进入母板视图，在里面可以看到各种版式的设计元素。正常编辑状态下调整不了的背景图、公司LOGO或者色块，基本都可以在幻灯片母板里进行调整。

2.改颜色

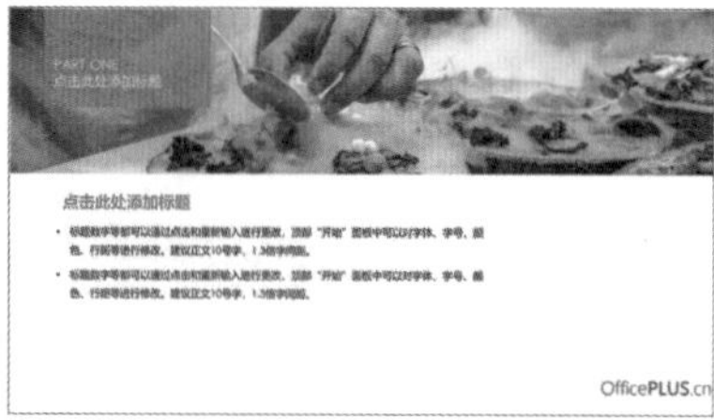

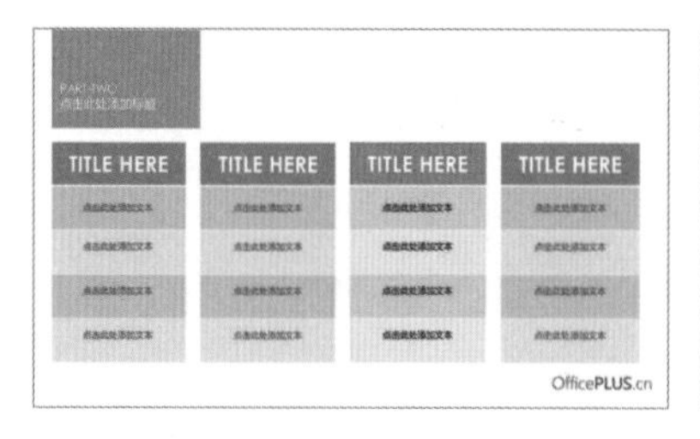

第二是改颜色。一般情况下，优质模板会设计一套与之匹配的主题颜色。所以，主题颜色一旦发生变化，整套PPT的所有彩色元素也会相应发生改变。那我们应该怎么调整主题颜色呢？

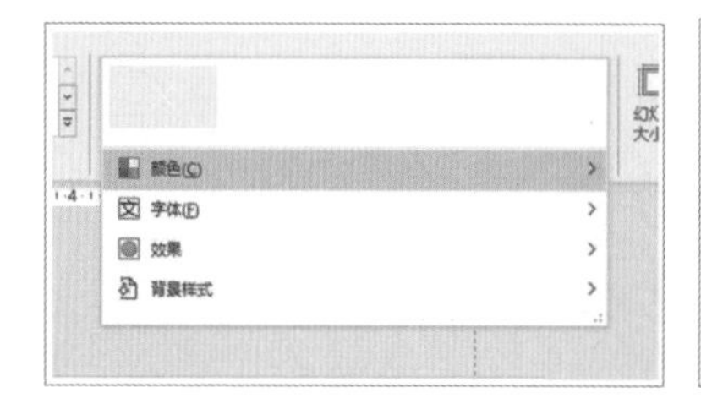

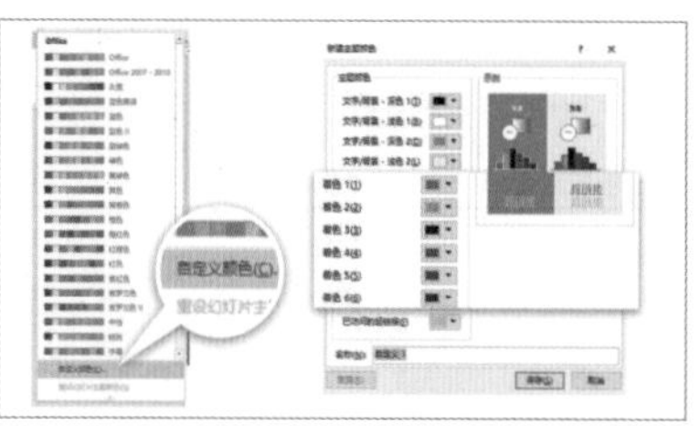

点击[设计]-[颜色]，里面有很多已经搭配好的配色方案。如果都

不满意，可以点击底部的[自定义颜色]，进行细节调整。注意，一般只调整着色1至着色6就可以了。其中，着色1是最重要的，它决定了PPT默认图形的颜色。

3. 改顺序

有时候，我们会觉得PPT模板里的版式不够用。比如，除了封面、封底、目录之外，还想设计一个“金句”版式。但自己设计的话，又怕不好看，该怎么办呢？

我们可以更改已有页面的顺序。比如，我把封面母板中的五边形局部左右调转了一下顺序，又收窄一点儿，这样，就变成了一个新版式。而且，因为颜色和形状与封面一样，也不会与原有的设计风格发生冲突。

实战小秘籍

上文列了那么多修改模板的技巧，相信你一定会举一反三，熟练应用。可是，我们首先要储备基本的模板库存。在这里，给大家推荐一些下载PPT模板的网站。

由于篇幅有限，我只介绍几种常用的网站：

Office PLUS	http://www.officeplus.cn/	PPT store	https://www.pptstore.net/
稻壳儿	http://www.docer.com/	演界网	http://www.yanj.cn/
变色龙 PPT	https://www.ppt20.com/	51PPT 模板	http://www.51pptmoban.com/
我图网	https://www.ooopic.com/	千图网	https://www.58pic.com/

图片篇：快速定位，提高“搜商”

关于图片对人类理解信息的重要性，你只要在睡前翻翻朋友圈就会了解。面对那些美食图片，你会不由自主地点开。图片对于情绪的调动比文字强，也比文字快。我们说的“一图顶千言”，就是这个道理。

可是，好图片虽然重要，却非常不好找。在给PPT配图时，我总是能在图片上遇到各种各样的问题。

我总结了一下，发现主要为两大类问题：（1）不知道去哪里搜图；（2）搜图的准确性和匹配度不足。

在这一节里，我们将一起来学习如何提高“搜商”，快速检索到自己所需要的图片。

高质量图片去哪搜？

先列一下我最常用的几个网站。

（1）baidu.com/google.com

我经常使用的网站和大家常用的网站别无二致：百度/谷歌。在制作内部汇报演示、培训课件的时候，通用搜索引擎肯定是我的第一选择。无论你更习惯用哪个，像百度、谷歌、必应这类搜索引擎一定拥有数量巨大、范围广泛的图片资源。

在使用搜索引擎的时候，有个非常小但能显著提升效率的技巧：图片筛选。在搜索引擎中，你可以对图片的尺寸进行筛选，比如设定“大尺寸”或者“特大尺寸”。这样，你就可以过滤掉一大堆低分辨率的图片，点开哪张都是大图，搜图效率自然高了很多。

（2）pixabay.com/pexels.com

搜索引擎虽然图多，但存在两个问题：版权情况不明确，图片质量不稳定。当对图片质量有较高要求，或者要求图片可以用于商业用途的时候，我就会使用pixabay和pexels去检索。

虽然免费版权图片网站有很多，可是这两个网站是我最常用的——分辨率高，图片美观，而且可以免费商用。

（3）polayoutu.com

pixabay和pexels虽然解决了质量问题和版权问题，可是图片都是欧美摄影师拍摄的，且主要为国外的生活类图片。如果你希望获得国内的免费可商用图片，“泼辣有图”是一个不错的选择。虽然它的图库总量不大，但是它所有的图片都是国内摄影师自愿分享的。

（4）easyicon.net / iconfont.cn

这两个网站都可以搜索装饰性的小图标，以作为文本前面的点缀——而且它还支持中英文搜索。这里有个注意事项：如果你要同时使用多个图标，图标之间的风格最好统一。

在这两个网站中，第一个网站的风格主要以多彩图标为主，第二个网站主要以单色线条形图标为主。

网站对了，还是搜不到图？

有学员跟我反映，他收藏了我推荐的所有网站，可是需要配图的时候，却还是搜不到图。这就不是工具不对，而是他的思维不对。那该如何提升思维呢？有两种方法：场景化和标签化。

（1）场景化联想

如果让你做一份员工招聘的PPT，你会用什么图片呢？

很多人会直接搜“招聘员工”四个字，结果发现图片的种类有局限性。而且，这样做出来的PPT和大多数人做的内容差不多，不容易有新意。

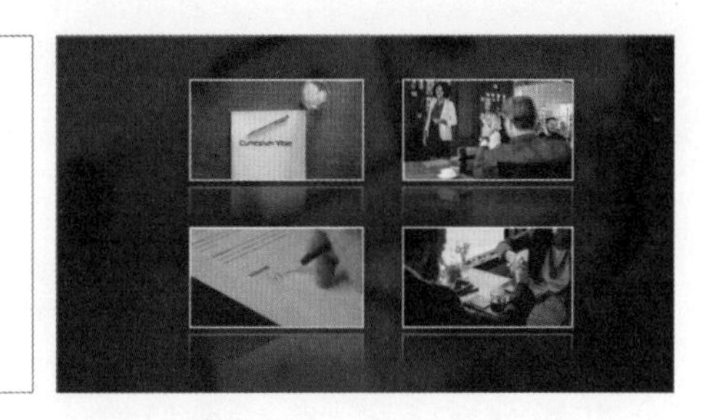

在招聘员工时，我们应该想一想——

对方的简历符合公司的要求吗？

筛选完简历之后，是不是要进行面试呢？

面试完，如果自己对对方满意，是不是要发正式offer（录取通知）呢？

新员工入职之后，是不是要同他签合同呢？

签了合同之后，是不是要让受试者在上面签名呢？

新员工正式入职之后，是不是要发放工牌、工服或者其他入职需要的材料呢？

……

想到这些场景，关于招聘的关键词就变多了：个人简历、招聘网站、面试、合同、签名、工牌、名片……

看一看下面这张PPT，就是以签名为关键词进行搜索后的图，是不是也和招聘有关系呢？

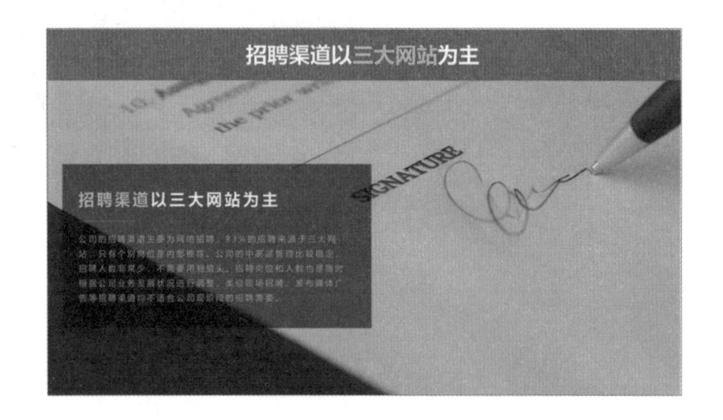

为什么做一份同样主题的PPT，差别会那么大？其实，别人只是比你多了一个想一想的步骤——“场景还原法”。

所谓场景还原法，就是将相对抽象又不好搜图的概念带入某个具体场景中，形成一个画面，然后从画面中寻找相关的关键词。

（2）标签化联想

“标签化联想”其实就是针对目标词汇找到一个典型的代表物品。

举个例子，我们想找张图来表达“快”，可直接搜“快”这个词，得出的结果并不理想。这时候可以发散思维，仔细想一想——闪电是表示速度快的经典符号。

再想一想，比较常见的表示快的符号还有几个：猎豹、火箭、子弹……这时候就可以把“快”转换为闪电、猎豹、火箭和子弹等形象，这就是“标签化联想”。

总结提升

网上的素材越来越多，如果只会囤积，工作效率反而会降低。所以，我们要学会“举一反三”和“迅速定位”。

关于PPT模板，我们首先洞察了模板的本质是“主题+风格+排版”。然后，我们学习了PPT模板的“123原则”：1种风格，2大元素，3类调整。最好固定使用一种风格的模板，这样效率更高；挑模板的时候，要多关注主题和风格，至于排版，往往仅供参考；如果对从网上下载的模板不满意，可以通过改背景、颜色、顺序三种方式进行改编。

关于PPT图片的选择，我推荐了四种功能不同的图片网站。接着，我们发现，找到好网站不等于可以搜到好图片，所以，我们便提出两种思维提升的方法：场景化联想和标签化联想。

理清这些思路后，希望你对PPT素材能够有更清晰的认识，提高自己的使用效率，并成为具有高效率的PPT制作者。

CHAPTER

第三章

六种核心布局帮你搞定所有排版设计

在第二章的内容中我们解决了学习 PPT 的三大困惑。接下来在本章内容中，我们就要搭建 PPT 最重要的骨架了，这个骨架就是 PPT 的设计排版。

正如我们之前所说的，排版是有规律的，也有偷懒的办法。接下来，我会和你分享六种核心的排版及注意事项。当你掌握了这六种排版，将来无论是做年终总结还是活动复盘，都能轻松应对。

3.1 亮点版式，搞定高大上的发布会

我曾经点评过五百多个各行各业的PPT案例，很多PPT的内容其实非常棒，但因为排版不好而拖了后腿。好的排版可以让你的内容更加上档次，也更容易被观众理解；而不佳的排版可以瞬间让观众失去观看的欲望。

从这一节开始，我会为你剖析六种典型排版，这样等你以后再遇到排版问题时，就可以轻松对号入座。

◆ 价值千金的亮点版式

谈起“高大上”的PPT，很多人第一反应就是发布会或者公开演讲的PPT。通常，这种面向公众和媒体的PPT都是主办方花大精力设计的，它们的价值甚至会高达数千万。不过如果你稍微留意一下，就会发现，这种发布会级的PPT虽然精美，但套路却是很固定的。

比如，一种最经典的排版套路就是在屏幕中间放一行大字，以突出当前发布会的主题和中心思想。我把这种内容不多，但在视觉上显得高大上的版式叫亮点版式。

如果要总结一个公式，那么，亮点版式的公式就是：

亮点版式=文字少+质感强

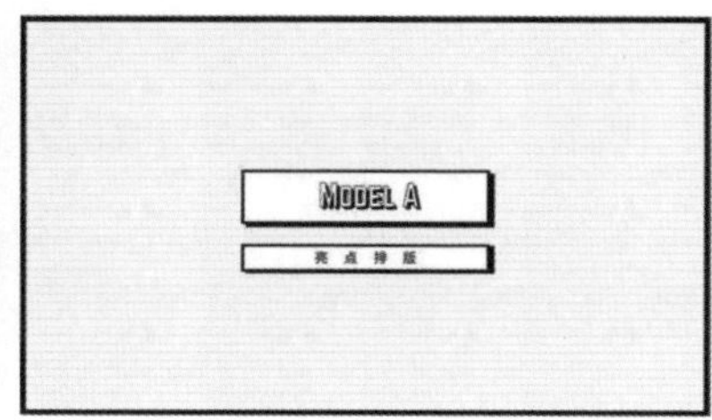

你也许会觉得剧院级的发布会离你很远，但它和普通的PPT的逻辑是相通的。比如，公交站台的广告，不会放太多文字，又想让观众感觉到档次，就会使用亮点版式（下图上）。如果你的工作汇报里有独到的观点或者要反思的问题，也可以用亮点版式呈现（下图下）。

所以，当你遇到观点页、封面页或者内容较少的PPT时，就需要考虑是否可以使用亮点版式。

亮点版式的特点就是字数极少。如果处理不好，一方面页面会显得很空，另一方面，页面也会缺乏“高大上”的质感。

比如，下面就是一页介绍艺术展策展人的PPT。如果用白底黑字，看上去很简陋，那该如何将它设计得“高大上”呢？接下来，我们就来揭秘做好亮点版式的两大套路：

◆ 套路一：图片蒙板，设置“高大上”的页面背景

策展人的那些事

要想让文字很少的页面变得“高大上”，最简单的方法就是配图。比如，可以找一张美术馆的图片当作页面背景。可是，当我们把文字放在图片上的时候，会发现图片太乱，影响观众阅读文字。这时候，我们就需要使用蒙板的方法对图片进行弱化，给文字开辟出一块干净的区域。

在此提供两种方法：透明蒙板和渐变蒙板。

【透明蒙板】制作方法

1. 通过[插入]–[形状]绘制一个矩形，和图片一样，铺满全部页面。

2. 在矩形里点击右键，找到[设置形状格式]，并在[填充]菜单中，选择[纯色填充]，颜色选用黑色。一方面，黑色百搭，不容易出错；另一方面，深色调背景也会比浅色调背景更收敛，更高档。综上，黑色蒙板是最稳妥的选择之一。

3. 在[填充]菜单中，将纯色填充的透明度降低——一般降到30%左右是比较合适的。这样，图片的蒙板便做好了。然后在[填充]下方的[线条]菜单中，将矩形的线条设置为[无线条]，这样，矩形就不会有边框了。

4.通过右键[置于顶层]和[置于底层]，将页面元素的顺序调整为：图片底层—矩形中间—文字顶层。

5.将文字放置于页面中央位置。页面完成。

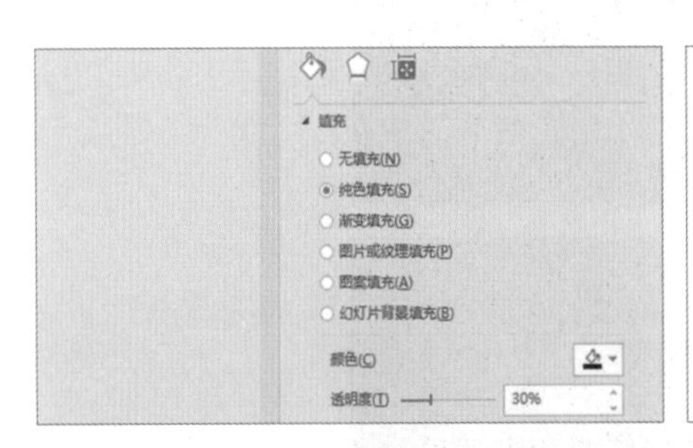

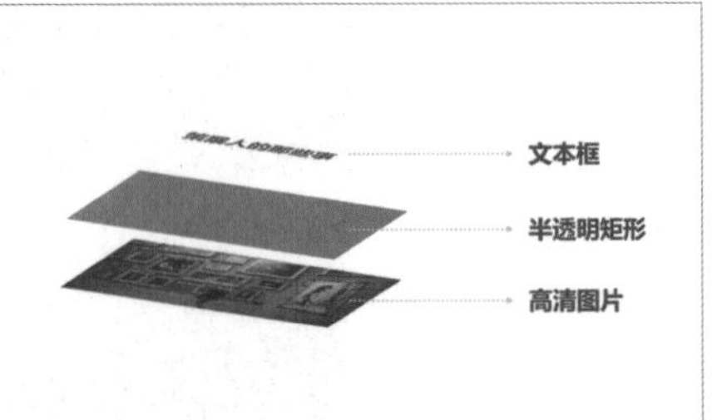

【渐变蒙板】制作方法

1.通过[插入]-[形状]绘制一个矩形，和图片一样，铺满全部页面。

2.在矩形里点击右键，找到[设置形状格式]，在[填充]菜单中，选择[渐变填充]，确认渐变类型是[线性]，角度是90°，即垂直方向的渐变。

3.在PPT的菜单中，会出现大概4个渐变光圈——这代表当前的渐变色由4种颜色组成。利用右侧的按钮将光圈删减为2个，将它们全部调为黑色，分别放置在左、右两端，将透明度分别设置为100%和0%。这样，渐变蒙板就基本完成了。

4.在[填充]下方的[线条]菜单中，将矩形的线条设置为[无线条]，这样矩形就不会有边框了。

5.通过右键[置于顶层]和[置于底层]，将页面元素的顺序调整为：图片底层—矩形中间—文字顶层。

6.由于渐变的黑色区域位于页面底部，因此，需要将文字放置于页面中央靠下的位置。页面完成。

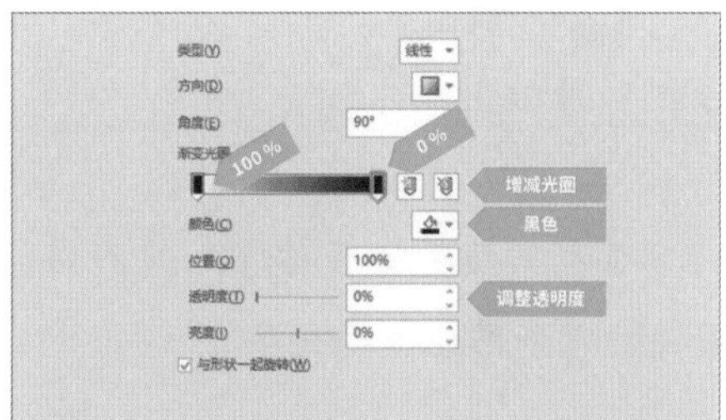

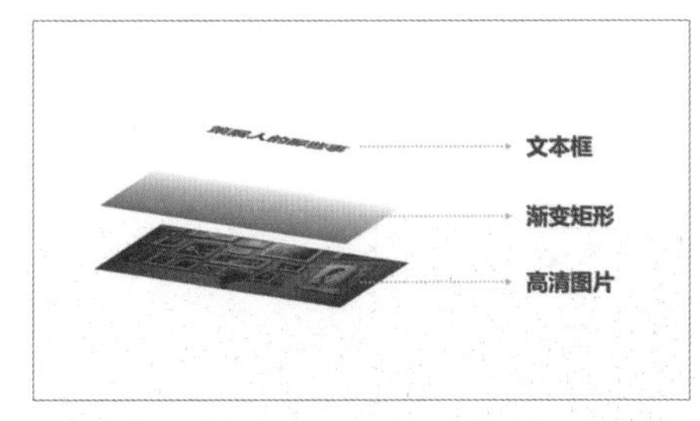

通过上述步骤，我们便可以在铺满屏幕的页面创造出一个相对干净的背景区域，让文字变得更加清晰。所以，亮点版式的第一个

套路，就是利用高清图片渲染氛围，然后再用蒙板给文字创造专门的区域。

◆ 套路二：突出对比，让文字设计更高档

图片有了，页面也就好看了很多。可是，如何进一步增加文字的质感呢？

这就要用到第二个方法：增加文字对比。

我们可以从三个方面增强文字之间的对比：大小、颜色、粗细。

大小：最好以“行”为单位，整行放大，整行缩小。文字大小对比最好在12号以上；

颜色：颜色要有对比，但不要让文字变得五颜六色。最保险的方法是用一种彩色搭配黑白文字。

粗细：粗细对比可以利用文本的加粗功能（快捷键Ctrl+B），也可以利用不同粗细的字体进行对比。

观察上页右侧的图片：主副标题之间有了大小对比，“策展人”三个字调整了颜色和粗细对比。对比一下修改前后的效果，是不是发现右侧的文字设计感要强很多呢？

【实战小窍门】

秘籍1 善用副标题

上文中讲过，文字的大小对比最好是以“行”为单位。可是，有时候页面上就只有一行字，或只有一个词，怎么办呢？我的建议是——拟副标题。

副标题一方面可以让观众更准确地理解标题，另一方面还可以人为地增加行数，方便你进行跨“行”对比。

如果文字没有副标题该怎么办呢？很简单，加一行英文。如果你多才多艺，掌握了7门外语，可以加法语、德语、日语、韩语，甚至意大利语。

不过，对于大部分人而言，加英语是最常见的选择。其实，这行文字的语言种类并不重要，它存在的价值是为主标题提供对比。

秘籍2 拉开间距

对比一下上页两张图片的文字就会发现，修改之后的文字宽度更宽，因为我把文字的间距加宽了。这样做可以更加充分地利用页面的宽度，文字阅读的体验会更加舒服，档次也会更高。

很多杂志或者海报都会使用大间距的文字设计（如下图）。

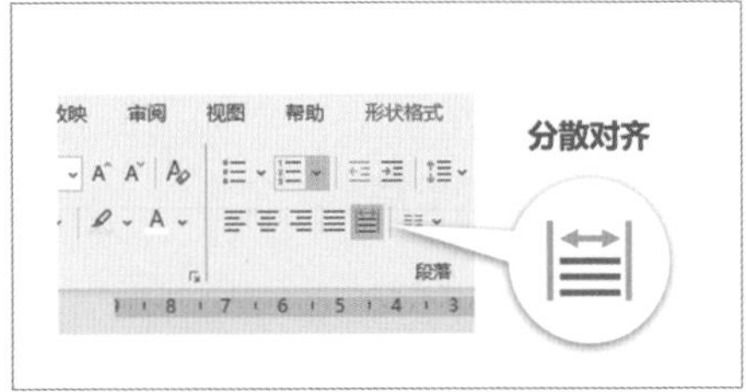

拓展文本间距的方法其实也很简单——分散对齐。主副标题分别放在两个文本框中，点击文字区的“分散对齐”按钮，就会发现文本框被拽得很宽，文本的间距也会自动变得很大。这样，我们就可以任意调整主副标题之间的文字间距了。

策展人（curator）是一个艺术展的灵魂。策展人通常是指在博物馆、美术馆等非赢利性艺术机构专职负责藏品研究、保管和陈列，或策划组织艺术展览的专业人员，也就是常设策展人。

以上面两张PPT为例，观众只需要阅读“策展人是一个艺术展的灵魂”这句话即可，其余内容则可以让主讲人讲述。

总结提升

最后，我们总结一下亮点版式。

亮点版式的适用场景可以用公式表示：亮点版式=文字少+质感。当你需要处理PPT里的观点页、名言警句页、封面页等非常重要，但如果是文字很少的页面时，我们就可以考虑亮点版式。

如何设计亮点版式呢？有两个套路：

套路1：图片蒙板，设置高大上的页面背景

套路2：突出对比，让文字设计更高档

高清图片可以为页面创造很好的质感和氛围。但是，如果在高清图片上再叠加文字可能会看不清，我们可以使用【透明蒙板】或者【渐变蒙板】，为文字创造干净的区域。

文字对比可以增强文字的设计感，其中包括大小对比、颜色对比和粗细对比。我们在这部分还给大家介绍了两个实战小诀窍：善用副标题和拉开间距。

【测试与练习】

学了那么多，不妨看一看下面两张PPT，里面用到了哪些我们讲过的技巧和套路呢？

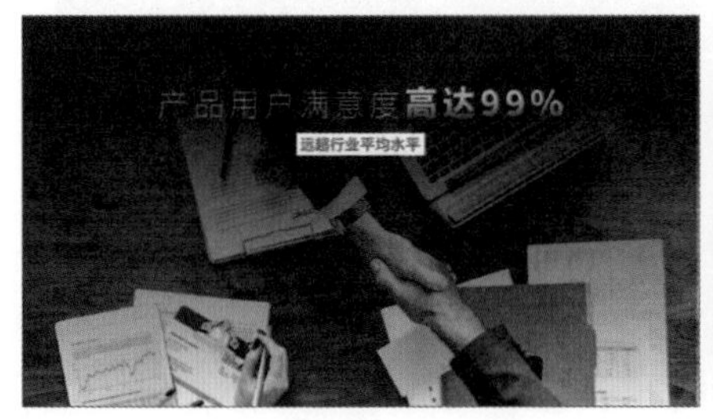

3.2 上下版式，避免枯燥无味的项目介绍

在上一节内容中，我们谈到了呈现结论用的亮点版式，用在封面、封底和章节页上会显得特别有质感。可是，我们的内容页怎么办呢？从这一节开始，我们就探讨一下内容页如何排版。

内容页的重心失衡问题

内容页排版的一个典型问题就是“排版失衡”。

比如下面的这个PPT，相信你看完后会发现，页面排版是不平衡的——重心偏左。于是作者在右下角加入了一只小猫的元素。虽然这只猫出现得很突兀，但却平衡了页面的重心。

页面失衡的情况在设计PPT的时候经常会遇到，而用图片去“打补丁”则是最常见的一种弥补方式。这只猫就是作者为了平衡页面而打的“补丁”。

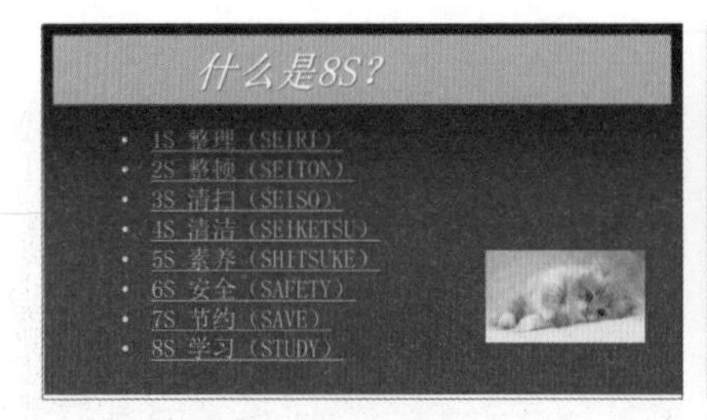

那该怎么解决排版失衡的问题呢？我的应对方式就是运用“模块化”思维——将页面中所有元素都想象成一个方方正正的积木模块。比如我们再回过头去看这个案例，把内容模块化之后就会发现，这三个模块左大右小，所以造成页面左重右轻。

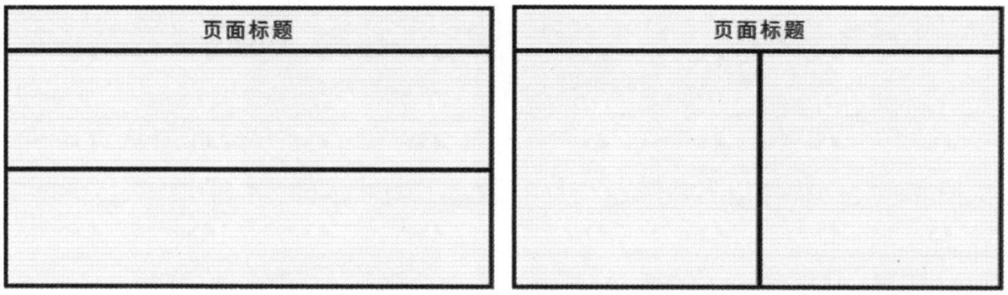

页面标题

页面标题

这种模块没对齐的页面应该如何调整呢？在这里，我提供两个经典思路：“上下版式”和“左右版式”。我们先来看一下“上下版式”。

化繁为简的“上下版式”

所谓“上下版式”，顾名思义，就是除了标题区域以外，把页面分成上、下两个区域。而这两个区域该如何利用呢？

我们不如思考一下自己的阅读经历。我们看一篇文章时，最先看到的是标题。看完标题后，我们会做什么呢？我们并不会直接开始逐字阅读，而是会找找有没有摘要或者引子之类的文字，先大致了解一下文章的内容，这样我们便能用最短的时间判定自己对这篇文章是否感兴趣。确定感兴趣后，我们才会进入逐字阅读的状态。

所以，总结起来，阅读的顺序应该是：标题—摘要—详细内容。

“上下布局”同上。两个板块中，一个负责让读者了解大致主题或者关键要点，另一个负责呈现详细内容。观众如果不想阅读详细内容，也可以通过另一个板块快速了解当前页面内容的大致要点。

如果要总结一个公式，那么“上下版式”的公式应该是：

上下版式 = 速读摘要 + 内容明细

很多页面都可以改造成“上下版式”。但如何才能把“上下版式”做好呢？

接下来，我们看一看“上下布局”的两种经典套路：

◆ 套路一：大图横幅，增强代入

对于大部分网站而言，图片横幅至关重要。因为这些横幅是页面上尺寸最大的图片之一，可以传递大量的信息，以吸引用户的点击。

横幅如果做得有设计感，就会在流量增加之余，让整个页面看上去也非常有设计感。相反，如果这个横幅很普通，整个页面也会被拖后腿。

我们也可以在PPT中引入“横幅”这一概念——在页面正中放一张超宽屏图片，它可以让观众有电影般的代入感，特别适合表述故事，分析案例和介绍历史事件。

来看一看下面这份PPT案例——它的内容是关于故宫博物院的简介。修改前的页面也是图文结构，但是排版很凌乱，重心失调。

于是，我在页面顶部区域放置了一张故宫高清大图——这张大图一定要宏伟壮观，给人以代入感，读者一看就知道这页的主题是故宫。这样，再读后续的内容也就顺理成章了。

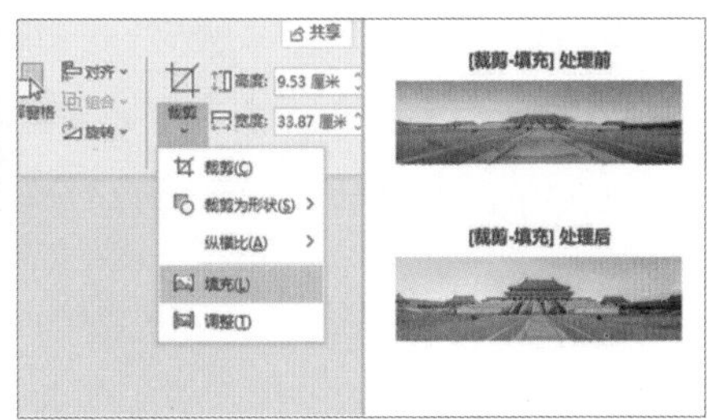

【大图横幅】制作方法：

（1）寻找一张太和殿的图片，将其置于页面顶部（图片越精美越好，分辨率越高越好）。请注意图片的面积比例。如果文字内容较少，图片最好占页面1/2；如果文字内容较多，图片的占比可以缩减至1/3。

（2）我们还要学会利用“裁剪－填充”功能避免图片变形。首先，将图片拖拽至所需大小（忽视图片变形），然后双击图片，在[图片格式]菜单中找到[裁剪]按钮的下拉菜单，选择[填充]选项。最后，按Esc键退出裁剪状态。这样操作后，图片就会刚好铺满之前选择的图片区域，并且能够保持不变形。

（3）接下来，我们就该放置标题和正文了。如果文字较少，可以考虑把标题放在左侧，和正文并列——这样可以避免页面过空，让空间布局更合理。如果文字内容较多，可以考虑上下排版——这样可以容纳更多的文字。还记得上文中的“增加对比”吗？这里的文字标题最好也应该有大小、颜色和粗细对比。

（4）最后，由于页面的底色是白底的，我给页面添加了透明度渐变。还记得上文中的“渐变蒙板”吗？要是不记得了，就去复习一下吧。我制作了一个垂直的白色渐变，将其放在图文交界处，形成了很自然的过渡效果。

对比修改前后的页面，我们可以发现，修改之后的页面为观众带来了堪比电影画面的代入感。

◆ 套路二：图标示意，促进理解

使用图片横幅法的前提是要找到高质量的图片。但如果找不到高清大图，该怎么办呢？我们来看一个案例：

左上这份PPT描述的是一个法律案件。案件里的人物都是化名，案情属于金融犯罪，这一类型不好搜图。

这时候，我们就可以使用第二种套路了：图标示意法。

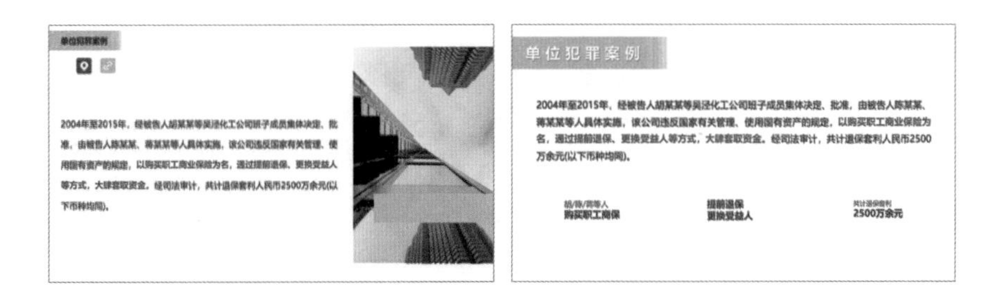

【图标示意】制作方法：

（1）第一步，阅读文字，找到文字的关键环节。通过关键环节确定搜索图标的关键词。阅读文字后，我发现案情里有几个关键词：嫌疑人、购买保险、非法套利。

（2）第二步，搜索图标。关于搜索图标网站，我们在之前的章节中就已经介绍过，这次，我在iconfont（阿里巴巴矢量图标库）上搜索了三个图标：工作证、合同、保险柜。

（3）第三步，统一视觉。使用图标的时候，有时明明图标高度统一了，可看上去还是不整齐。

比如，我的案例中，图标有横有竖，光是高度统一了，可大小看上去还是很乱。这时候，我们就要使出第二招了：增加统一背景。就像苹果手机上的各种应用，无论什么风格，都会统一加上圆角矩形的背景，这样就可以做到视觉统一了。所以，我们也可以给图标加上一个统一的背景。比如，我就用了三个黄色的圆角矩形当背景。

（4）第四步，组合优化。现在的圆角矩形上有文字和图标，想要排列组合非常不方便。所以，我们可以一起选中圆角矩形和上面的元素，右键[组合]（也可以按快捷键Ctrl+G）。这样，圆角矩形上的所有元素就都被打包在了一起，无论是移动还是排版，都会方便很多。最后，将它们排列整齐，再加上一些箭头或三角强调次序，示意图就完成了。

修改前后对比一下，修改之后的页面是不是更简洁清晰，而且图文

并茂了呢？

在工作中，我最常使用“上下版式”的场景就是项目介绍，要么用一张高清效果图来呈现项目结果或者营造一种合作的氛围，要么就用图标示意图来理清项目的关键环节和后续安排，效果都非常不错。

【实战小秘诀】

如何统一图标风格

搜图标时，你会看到各种风格的图标，比如简约线条型、单色扁平型、多色扁平型、拟物真实型，等等。千万不要把这些风格的图标混合使用，否则会显得非常凌乱。

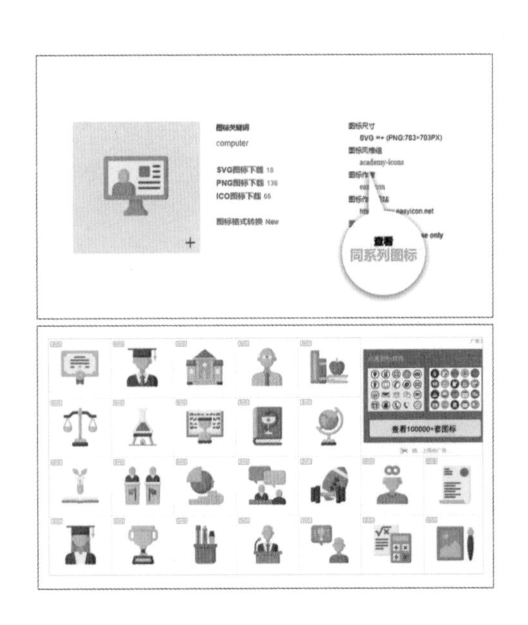

如何找到风格统一的图标呢？教你一个小秘诀：如果你找到了喜欢的图标，在下方可以看到它所在的系列或者图标组，点进去之后就可以看到许多与它风格相同的图标，如果你能在同一个系列中找齐你需要的图标，那就不用担心了，它们的风格肯定是统一的。

总结提升

同亮点页相比，内容页的信息量更大，因此更加讲究排版工整清晰，我们要学会用模块化思考来规划页面。

模块化的第一种情况：上下布局。这种布局的应用场景应该是文字较多的页面，把内容分为两部分，一部分呈现关键要点，另一部分列出详细内容。

用公式总结就是：

上下版式 = 速读摘要 + 内容明细

在上下排版中，我们介绍了两种套路：

（1）大图横幅法。适合高清大图，可以营造代入感。注意事项有两个，一个是图片不能变形，一个是渐变过渡。

（2）图标示意法。如果找不到合适的高清图片，也可以为关键点搭配图标，做一个简单的示意图。使用图标时，一定要注意风格和大小的统一。

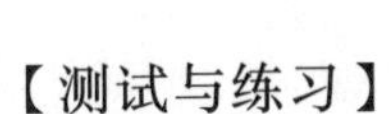

仔细观察下面两张PPT，里面用到了哪些我们讲过的技巧和套路呢?

3.3 左右分割式，设计有质感的介绍

在之前的内容里，我们已经学习了两种排版。而在这一节内容里，我们会介绍一种十分好用的排版方式——“左右版式”。

和“上下版式”一样，“左右版式”是用来进行图文混排的。也许你还记得，在“上下布局”中，图片的作用是引入话题或者方便观众理解。而在“左右布局”中，图片一般是作为介绍或者说明使用的，需要和文字搭配一起阅读，比如产品外观介绍，广告位展示，嘉宾履历介绍，等等。

如果让我们总结一个公式，那么“左右布局”的一般适用场景为：

左右版式 = 文字介绍 + 对应图片

“左右布局”的图片位置

“左右布局”的排版思路和“上下布局”类似，就是将页面划分为左右两个部分（不包括标题区域）。大部分情况下，图文的左右顺序是可以互换的。但是，无论图片放在左侧还是右侧，都要注意三个问题：

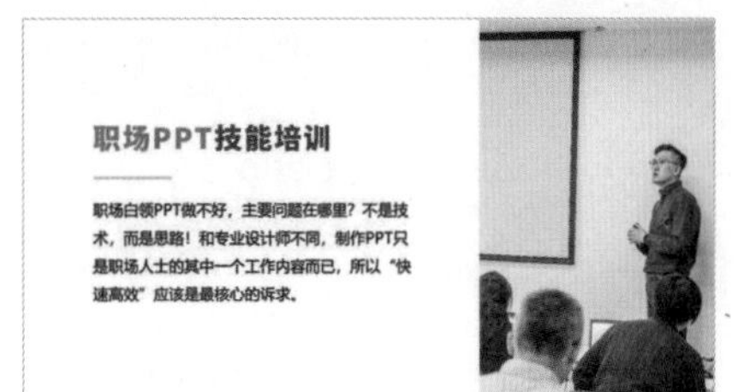

（1）无论你的图片是紧贴页面边缘，还是留有一定空白，都要保证图片位于页面正中的位置，且与三条页面边界等距。

（2）图片变形。无论你的图片是横屏还是竖屏，在左右布局的时候，都不能为了布局美观而让图片严重变形，因为这会严重拉低页面的整体质感。如果不知道怎样处理，可以复习一下上一节的“裁剪－填充”功能。

（3）文字错位。图片与文字之间需要有足够留白。图文混排时，不要让文字贴着图片摆放，文本框最好与左右边界保持一定距离，有足够留白才好看。

除了工整地将图片摆放在页面上，我们还可以对图片进行处理和加工，让页面变得更有质感。这里我介绍两个经典套路：抠图跨界法和小图拼接法。

◆ 套路一：抠图跨界法，快速增强图片质感

不知道大家有没有在网上看过这种简易的裸眼3D动态图片：在视频图像中添加两条白边，利用图像跨过白边产生透视立体的效果。这种让图像“跨界”的方法就是最简单的3D立体效果。

如果你仔细观察运动类或者汽车类的海报，就会发现，在这些海报中，设计者经常会为了表现出动感而营造这种“跨界”的效果。

想要通过跨界增强立体感，需要具备两个元素：两条分界线和一张可以跨越分界线的无背景图片。

接下来，我们就借助一份相机镜头的产品PPT，来研究一下如何制作这种跨界图片。

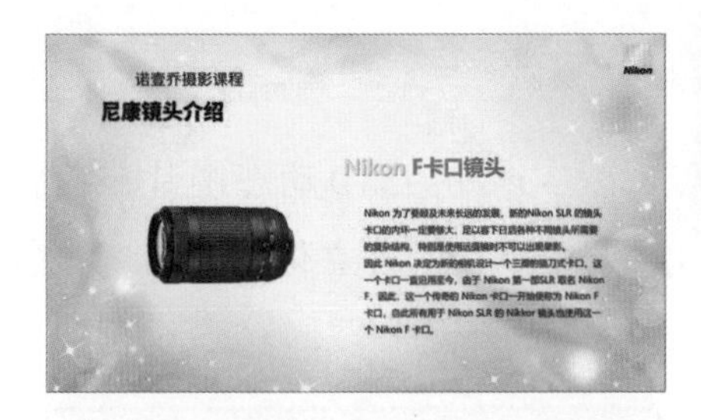

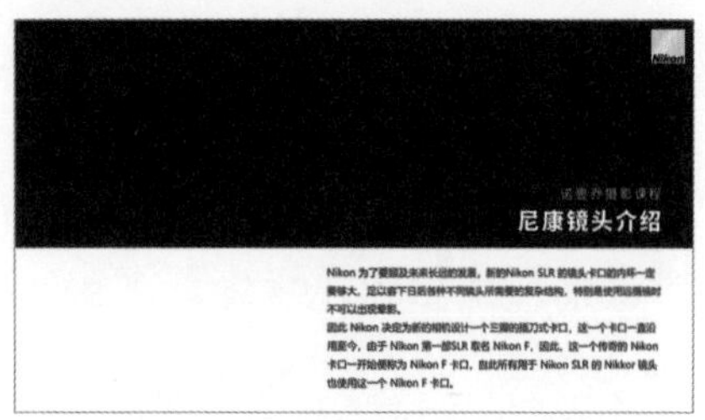

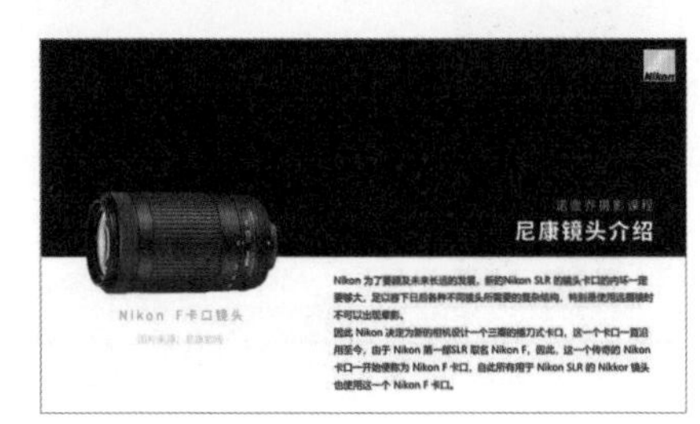

【跨界图片】制作方法：

（1）在页面上绘制一个黑色矩形，面积大概是页面的一半，并置于底层。这样，页面就有了黑白两个区域，中间是一条非常清晰的分界线。

（2）将文字标题和正文分别放置于分界线的两端，调整好颜色。

（3）将透明背景的图片放置于矩形与页面的交界处。这样，这个页面就制作好了。

（4）如果觉得黑色矩形显得太单调了，就可以采用图片＋半透明蒙板的办法划分区域，效果也是很好的。

讲到这里，你可能发现了跨界立体法的最大限制：图片必须是透明背景的。

我们日常使用的图片中，绝大部分都不是透明背景的。因此，我们要学会如何抠除图片背景。其实，PPT就可以做到抠图的效果：

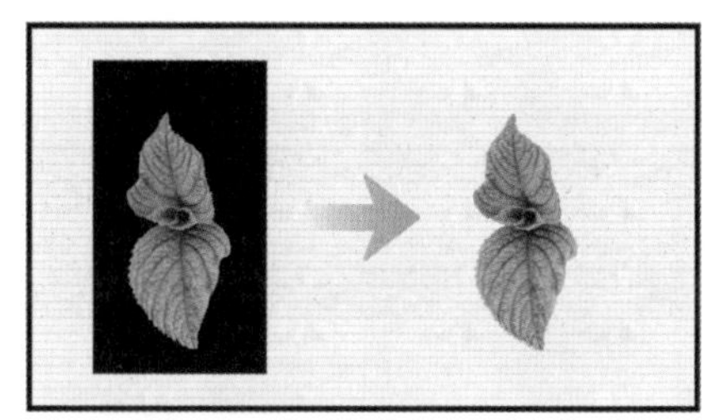

（1）双击图片，左上角会出现一个[删除背景]按钮。

（2）点击后，彩色为计划保留部分，紫色为计划删除部分。

（3）如果你对保留部分不满意，可以用加减画笔进行润色，比如恢复误删的部分，或者删除漏掉的部分。

（4）最后，选择“保留更改”，图片就抠好了。

将图片修改成跨界立体效果后，不但整体页面色彩活泼了很多，跨界带来的立体感也让页面多了一些动感。

◆ 套路二：小图拼接法，排版更显美观

再来看一个案例，上图页面中的图片本身分辨率不高，抠图的效果也不好。那除了规规矩矩地放在左侧以外，我们还能怎么优化它呢？第二招：小图拼接法。

在原稿中，页面显得比较空。虽然我们不能放大图片，但我们可以找帮手帮忙：添加两张相关图片作为补充，这样页面就会显得丰富一些。那这三张图该如何拼接呢？我给你提供两个思路：

（1）网格排版法。顾名思义，就是把图片像网格一样规规矩矩地摆放整齐。排版的时候要注意两个问题：图片比例统一（可以采用裁剪的方法统一比例）；图片宽度对齐（可以采用组合拉宽的办法对齐）。

（2）对角排版法。如果觉得网格排版法比较死板，可以采用对角排版法——在图片对角线处各添加一张图片，三张图片有一定叠加覆盖的区域。使用这一方法时，为了取得更好的效果，我有两个建议：①为图片添加阴影效果。操作：选择图片－格式－图片效果－阴影－外阴影。有阴影的图片叠加时会有更明显的层次感，轮廓也会更清晰。②用半透明矩形填补留白的区域。在对角线处放置图片后，另一侧的对角线会略显空旷，这时候可以用半透明矩形作为补充。使用半透明矩形的原因是为了避免颜色过重而喧宾夺主，同时，半透明矩形叠加的时候也会有深浅变化，显得更有层次。如果觉得矩形太死板，也可以把图片裁剪为其他图形，比如圆形。（操作：裁剪，裁剪为图形－圆形。WPS操作方法相同）装饰图案也可以变为圆形。

【实战小秘籍】

PPT不能抠图怎么办？

如果你的PPT版本过低，或者使用的是WPS（金山办公软件），那么你可能会找不到删除背景这一功能。不用怕，你可以用美图秀秀或者photoshop（图像处理软件）之类的软件来辅助完成抠图。

公司电脑上什么修图软件都没装？那也没关系，你还可以去“在线抠图网站”“无背景图片网站”这两个网站进行相关操作。

在线抠图网站

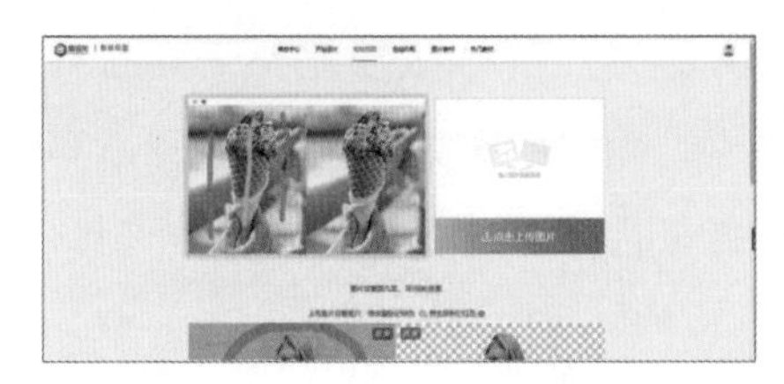

有很多网站提供在线抠图功能，效果与美图秀秀相同。在此推荐三个网站：图怪兽（818ps.com），变设龙（www.bslong.cn），稿定设计（www.gaoding.com）。

对于背景简单的图片，在抠除背景后，可以直接下载PNG格式的透明背景图片；如果背景图片很复杂，就需要用加减画笔手动标记抠图区域。

无背景图片网站

如果你的PPT没有抠图功能，自己又懒得去网站手动抠图，那么最后一项武器就是抠图网站。对于抠图这种高频操作，很多设计师都会嫌麻烦，所以会把自己抠好背景的图片上传到一些网站上，比如pngimg.com、stickpng.com、freepngs.com，等等。

你可以用简单的英文单词搜索一些透明背景的图片，免去抠图之苦。不过，这些网站的图片一般只能用于个人学习和设计，不一定能免费用于商业用途。

总结提升

在这一节中，我们学习了页面失衡的另一种排版思路——“左右布局”。“左右布局”常用来排版“介绍类”PPT，比如产品介绍、嘉宾介绍，等等。最常用的布局方式就是图文左右并排，把图片规规矩矩、方方正正地放在页面一侧。

除了把页面摆放整齐的常规操作之外，我们还讲解了两种提升页面设计感的套路：

（1）跨界立体法。把页面分为两个区域，形成清晰的分界线，运用背景透明的图片跨越分界线，形成动感和立体感。我们在这一节介绍了三种抠图方法，帮你解决背景透明的问题。

（2）多图拼接法。把多张图片组合成一个整体。在组合的时候，有两种经典不容易出错的形式：方方正正的网格排版，以及错落有致的对角线排版。

【测试与练习】

学了那么多，不妨看看下面两张PPT，里面用到了哪些我们讲过的技巧和套路呢？

3.4 板块版式，制作条理清晰的工作报告

在前两节中，我们学习了上下布局和左右布局。这两种布局都可以帮我们做到图文并茂。可是，它们的文字内容都是单一主题的。而在实际工作中，我们经常需要多个并列的主题，这就涉及多个并列条目的排版了。我会在以后的章节中介绍两种不同的并列条目排版。

清晰工整的板块版式

在对并列条目进行排版时，为了便于观众理解，一定要在PPT中给观众提供条理线索。通常有两种呈现并列条目的办法：板块式呈现（左）和星空式呈现（右）。这两种排版该如何选择呢？

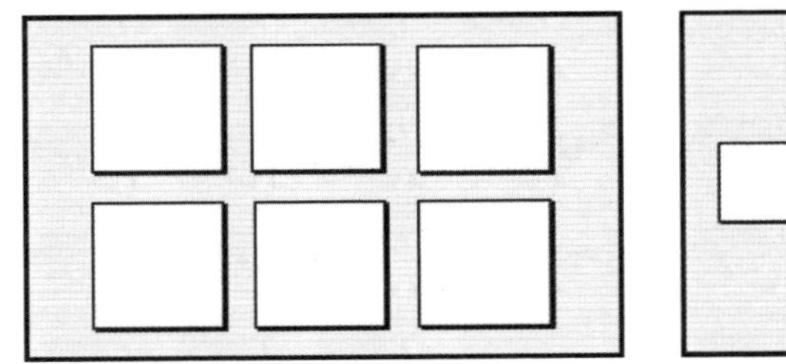

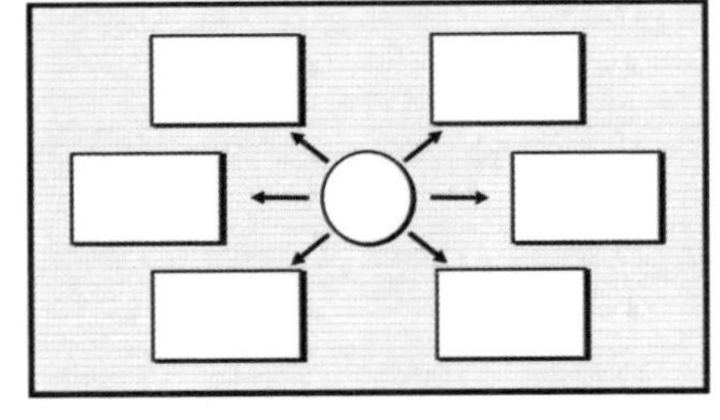

在PPT页面排版时，方方正正的板块式排版能更加充分地利用PPT页面的空间，适合内容较多的并列条目。而星空式排版则更适合呈现内容较少的并列条目。这一节主要讲的是板块式排版。

若要给板块版式总结一个适用场景的公式，那这个公式应该是：

板块版式 = 并列内容 + 字数较多

板块版式的字数差异问题

板块式排版的道理虽然简单，但在实际应用时，往往会遇到一个常见的问题：板块间的字数差异。

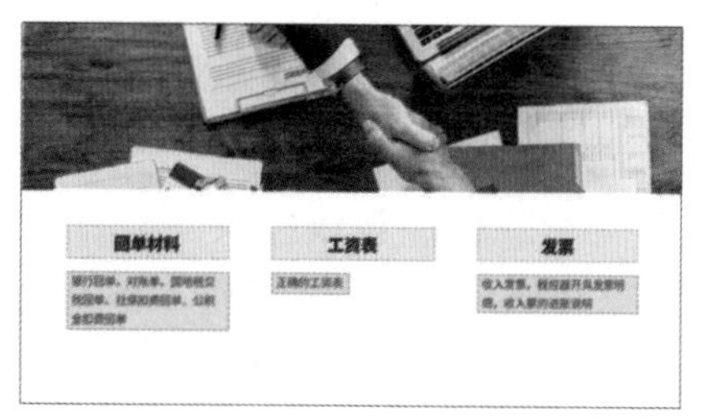

在设计板块时，如果多个条目字数相近（左上），怎么排都会很整齐。可是有的时候，如果多个条目之间字数差太多的话，再按板块排版就显得特别凌乱（右上）。

对于这种情况，我们该怎么办呢？这里提供两个建议：（1）转移视觉焦点；（2）构建统一轮廓。

转移视觉焦点——就是让观众不要一开始就注意到字数不统一的问题。具体该怎么做呢？我们可以拟一个字数相近的标题，或者给已有标题搭配一个明显的序号或者图标。这样，观众第一眼就会注意到标题、图标或序号，冲突感就减弱了很多。

构建统一轮廓——就是为板块划定一个相对统一的视觉轮廓，这样会使页面看上去整齐一些。而常见轮廓一般分为两派：线条派和图形派。线条派的成员有横线、竖线、天地线，等等；图形派的成员主要有矩形、圆角矩形、平行四边形、梯形，等等。它们存在的目的就是让松散的文字看上去更加整齐。

至于具体用法，我们会在下文的“经典套路”一节中详细阐述。

经过处理的内容，即使字数有些差异，看上去也会比原来整齐很多。问题解决之后，接下来就一起看一看板块排版的经典套路。在这一节，我会告诉你两个修改思路：直线分隔法和矩形书签法。

◆ 套路一：直线分隔，极简主义的秘密

下图是人际交往“3A原则”的案例。由于“3A原则”由三部分组成，所以在页面排版时，我就将其分成了三个板块。然后再利用直线对各个板块进行分割，并统一视觉大小。

具体做法如下：

人际交往3A原则

“三A原则”是商务礼仪的立足资本，是美国学者布吉尼教授提出来的。“三A原则”就是三个以A开头的英语单词，其中文意思就是“接受别人（accept）”，“重视别人（admire）”，“赞美别人（appreciate）”。能够接受别人是很重要的。接受别人，就需要全面认识别人，我们一般人都以为好人好接受，“坏人”不能接受，这就是不妥当的。任何人都有自己的长处，我们为什么不能去接受他们的优点呢。善待别人就是善待自己，接受别人的同时，别人才会接受你。重视别人是接受别人的思想基础。发自内心的重视别人，才可以受到别人的重视。重视别人起码是文明的表示，尊重对方，其实就是在尊重你自己。要学会赞赏别人，这是不容易做到的。赞赏同对方，要善于发现对方之长，善于发现彼此共同之处并及时加以肯定，既不要自高自大，又不要曲意奉承对方。在人际交往中，运用该原则是非常必要的。

【直线分隔法】制作方法：

（1）把文字拆分成多个板块，并给每个板块拟一个小标题。我选择的是“3A原则”对应的英语单词。在单词前增加一个序号可以方便观众理解先后顺序。

（2）文字排好之后，我们可以在三个板块之间添加三根竖线作为分隔。绘制竖线时，我们最好按着Shift键，这样绘制出来的直线不容易歪斜。我的建议是使用深灰色的虚线，因为它比较百搭。竖线的高度要和文字总体高度一致，这样比较整齐。

（3）到这一步，文字内容已经基本就绪，而页面看上去仍然有些空。因此，我们还要加入一些对应的装饰。装饰的元素通常有两个：图标和图片。

（4）我们要把竖线的高度调整一下，让它与整个板块维持一致。如果仅靠鼠标调整会比较麻烦，这里教你一个调整图形大小的小技巧：[Shift+方向键]。比如，如果我们希望增加两条竖线的高度，就可以先用[Shift+鼠标]选中两条直线，然后按下[Shift + ↑]，竖线就会延长了。同理，按[Shift + ↓]可以缩短竖线。如果是横线，则可以用[shift +“←”和“→”]键进行缩放。这种直线分割法不但适用于从左到右一字排开的情况，也适用于从上到下的情况（如下图所示）。

◆ 套路二：矩形书签，让内容多而不乱

本节一开始就说过，划分板块一派是线条派，而另一派则是图形派。所以，我们就以矩形为例讲解第二派——图形派。

用来呈现板块的图形有很多，比如矩形、梯形、平行四边形等。就拿最简单的矩形来举例子。我最常使用的套路叫作“矩形书签”——将文字内容放在一个个白色书签上，清爽又好看。

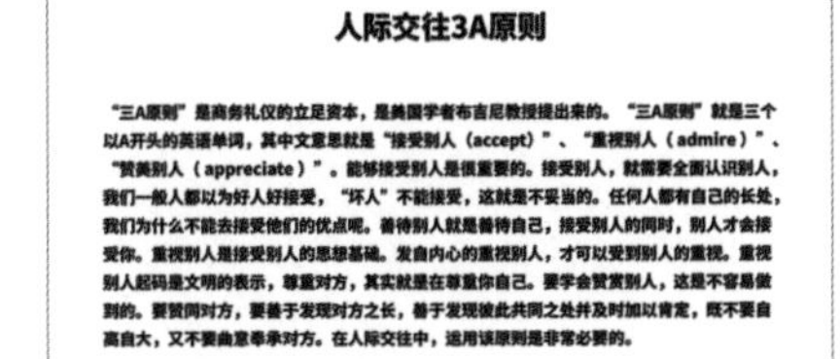

【矩形书签】制作方法：

（1）首先，将文本框拆成三个部分，将三个文本框内的文字字号进行统一。和直线分隔法一样，拟定好小标题，并添加序号。

（2）在页面上绘制一个矩形，将矩形的填充调整成白色，轮廓调整成黑色。然后，将这个白色矩形利用 [ctrl+shift] 拖拽复制两次，就形成了三个板块。将三个矩形置于底层，放在文本之下，矩形书签就做好了。我们可以将矩形和对应的文本框进行组合（按 ctrl+G），方便移动和排版。

（3）到这一步，页面的板块已经做好，可是白色背景搭配白色板块会导致页面色彩太少，不够活泼。你可能会想，能不能把这些矩形的颜色变得鲜艳一些呢？我不建议这么做。首先，颜色选择本身就存在风险——颜色越多，它们之间不和谐的可能性就越高。其次，颜色比例容易超标。由于板块版式本身就适用于较多的内容，因此，图形的面积通常都比较大，如果全用彩色，颜色比例很容易超标。至于页面单薄的问题，我的建议是搭配一张高清图片。

（4）我们可以挑选一张高清图片，让其铺满页面上半部分，并且置于底层。这样，页面就被图片分成了两个区域，就有了分界线。提到分界线，我们能想到什么呢？是不是想到了之前内容中讲到的“跨界”效果？没错，我们把板块放置于分界线附近，并且让它略微跨越到图片区域，就形成了很好的效果。这样一来，不但页面不空了，而且色彩也丰富了，视觉冲击力也强了很多。

【实战小秘诀】

如何快速完成文字拆分

把一大段文字拆分成多个板块并统一样式，这个操作看似简单，但想要又快又好地完成也是有秘籍的。

在这里告诉大家一个小口诀：选文本，拖拽出，先调整，再复制。

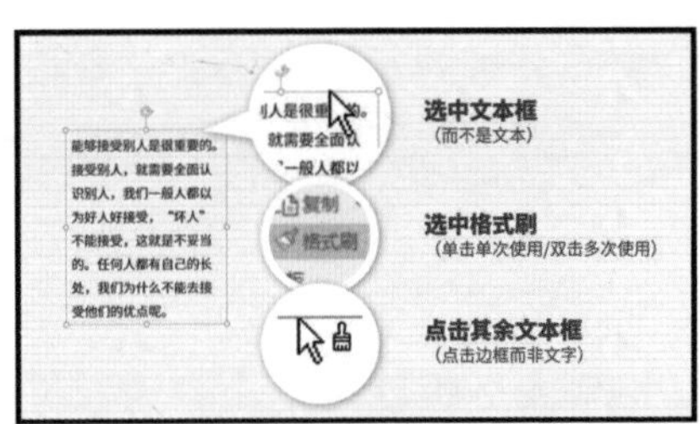

【选文本】先选中文本框中要拆分出来的文字（文字背景变成浅灰色状态）。

【拖拽出】用鼠标按住不放，将其拽到文本框外，松开鼠标，这样就可以把所选文字拆分出来。这样操作快捷、方便，还不占用剪贴板。（鼠标松开的地方最好不要有其他文本框或者图形）

【先调整】调整好第一个文本框中文字的样式，例如字体、字号、颜色、间距、对齐方式等。

【再复制】调整好第一个文本框中的样式之后，运用格式刷将第一个文本框的样式复制到其余文本框中。请注意，必须选择外框而不是内部的文字。然后点击开始菜单的[格式刷]，鼠标会变成格式刷状态，点一下目标文字，格式就迁移过去了。如果想多次复制，可以双击格式刷，这样就可以持续保持格式刷状态，直到按[ESC]键结束。

总结提升

并列条目式内容的排版重点是能够让观众一眼看清页面分为几个部分。而经典的排版思路是板块式排版和星空式排版。在这一节内容里，我们重点分析的是板块版式。板块版式的公式是：

板块版式 = 并列内容 + 字数较多

板块式排版就是把内容用方方正正的板块形式码放整齐，其中的一个难点是各个板块的字数不等。我们可以运用直线或者图形为读者统一视觉轮廓线条，并且用统一的标题或者序号来转移读者的注意力。

随后，我们讲解了两种常见套路：

“直线分隔法”是最简单实用的方法之一。首先，拆分文字；然后，绘制竖线；最后，根据需要加入图片或者图标。在设计时，要注意“先调整后复制”。

“矩形书签法”则采用矩形来划分不同板块。注意事项有两个：一是利用背景图增加页面色彩，避免过于空白；另一个是板块摆放时可以适当跨界，打造立体感。

【测试与练习】

学了那么多，我们不妨来看看下面两张PPT，里面用到了哪些我们讲过的技巧和套路呢？

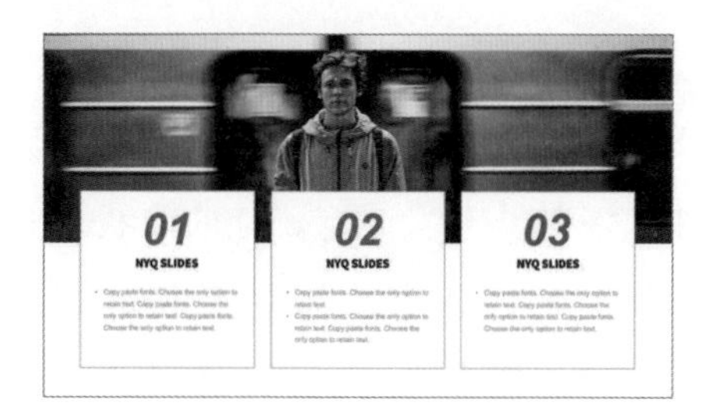

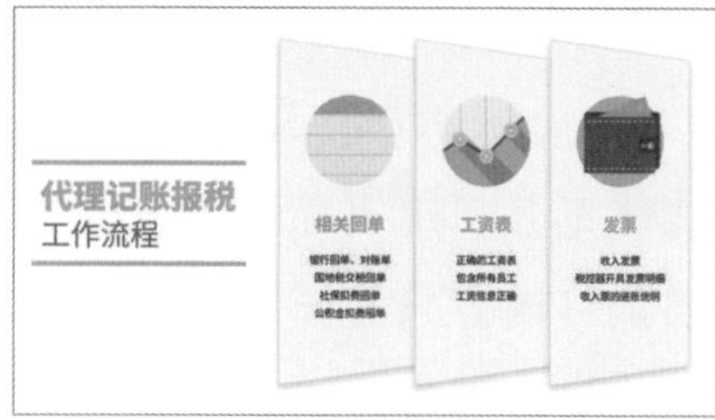

3.5 星空版式，彰显有权威的产品说明书

在上节内容中，我们学习了并列条目的板块版式，方方正正的板块能够充分利用页面的空间，容纳更多的内容。可是，如果我们的并列条目内容只有一句话，甚至只有一个词，那么采用板块式排版就会效果不理想，页面会显得特别空。这时候，我们就需要采用星空版式了。

众星捧月的星空版式

星空版式和上一节的板块版式有什么不同呢？仔细对比下列两个示意图就会发现，同板块版式相比，星空版式多出了一个内核。它的整体结构特别像卫星——内核位于中央，而板块发散式地围绕在它周边。因此，我把这个结构叫作星空版式。

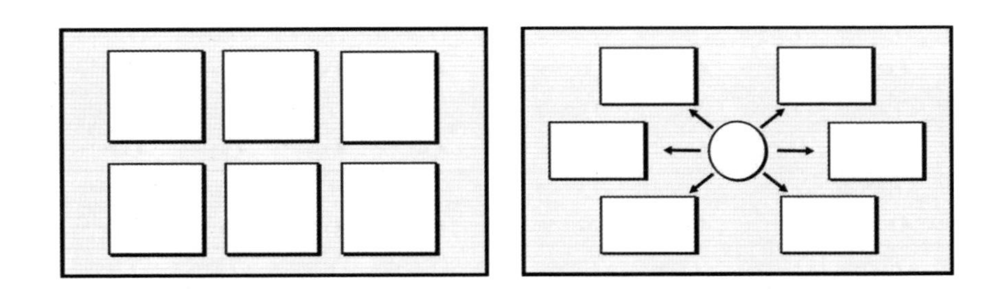

星空布局的内核通常是一张图片或者图标，而文字板块环绕在图片周边，作为图片的补充说明。这样一分析，你就能理解为什么星空版式经常出现的场景是在产品说明书中了——产品图片放在中间明确主题，而产品包含的功能和特点不分先后，全部放在周边，分散排列。

如果给星空版式总结一个公式，应该是这样的：

星空版式 = 图片内核 + 关键词外环

星空版式的内核问题

虽然道理很简单，可是实际在设计星空版式的时候我们同样会遇到问题。最关键的一个问题就是——星空内核怎么选？这个内核应该怎么选呢？这里给你提供两种常见的内核方案：

（1）无背景图片 / 图标。星空内核效果最好的是无背景的图片或者PNG图标，它们可以创造出更干净的示意图效果。如果图片主体轮廓清晰，我们也可以用上一节中提到的“删除背景”进行抠图，打造无背景的图片。

（2）圆形图片。如果没有合适的图标，图片又不适合抠图，那么就尽量使用圆形的图片，因为圆形图片可以和任意数量的关键词和谐相处，不会因为边角问题打架。裁剪为圆形的方法是：双击图片进入[图片格式]菜单；在右上角找到[裁剪]，选择[裁剪为形状]—[圆形]。但这样操作有一个缺点——图片很有可能会变成椭圆形。这时候，我们还需要选择[裁剪]—

[纵横比]，再选择[1:1]，这样，椭圆就变成正圆了。

道理明白了，难点也解决了，接下来，我再教给大家两种星空版式的经典套路：大图环绕法和局部放大法。

◆ 套路一：大图环绕，让产品变得更专业

大图环绕法是最经典也是最标准的星空版式，在生活中很常见。我总结了一句口诀：图片放中间，文字绕周边。无论什么产品，用这种方式标上文字备注之后，都有一种十分专业、来头不小的感觉。

为了证明这一点，我甚至去找了一张土豆的照片，并用这种方式做了一张PPT，硬生生地将我平时用来炖牛肉的食材做出了科技感。下面我们就用这份云计算的PPT讲解一下大图环绕型PPT的做法。

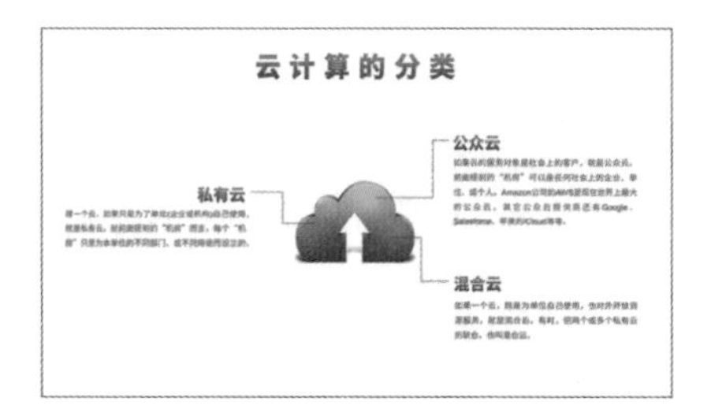

【大图环绕】制作方法：

（1）我们要把文字拆分成三个不同的板块，统一格式。个人建议把标题和正文分别放入两个独立的文本框——排版的时候比较方便。还记得上一节提到的格式刷吗？用格式刷分别统一各个标题和正文的格式。

（2）找一张白底或者半透明的图片，保证和背景完美融合。把相关文字分散排列在图片周围，文字关键词和图片的间距要保持统一，这样看上去页面才比较平衡。

（3）用线条将它们串联起来。我常用的连接方法是虚线形式的三折线。三折线可以在[插入]—[形状]中找到。折线具有两个可以自由移动的端点（白色），中间有一个转折点（黄色）。我们可以通过调整这三个点来改变折线的形态。

（4）想要折线更好看，还可以在[格式]—[形状轮廓]里面调整折线的粗细、虚线、箭头等属性。我个人通常喜欢深灰色的虚线，因为它百搭且不容易出错。经过调整后，一个星空布局的页面就做好了。

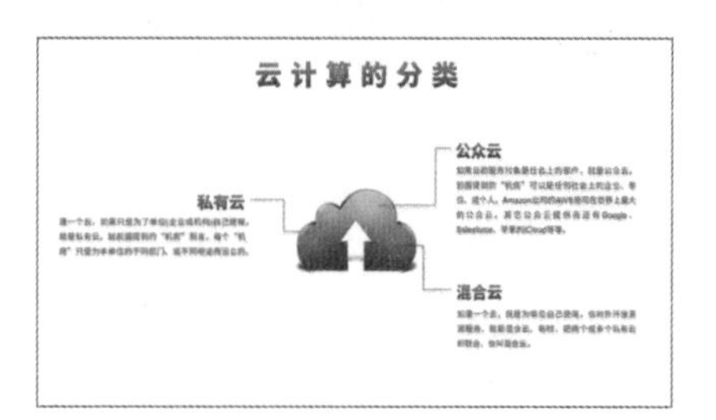

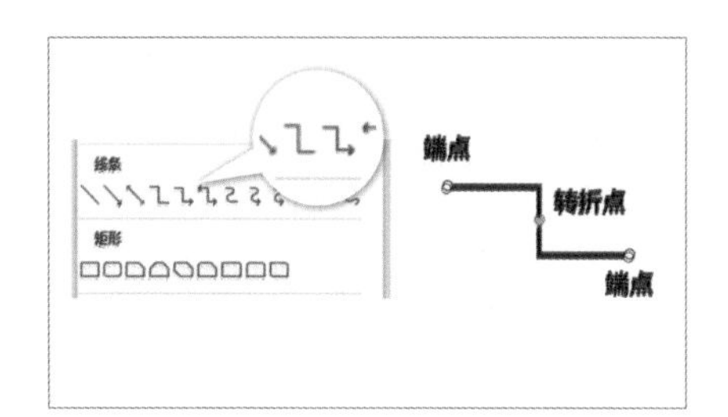

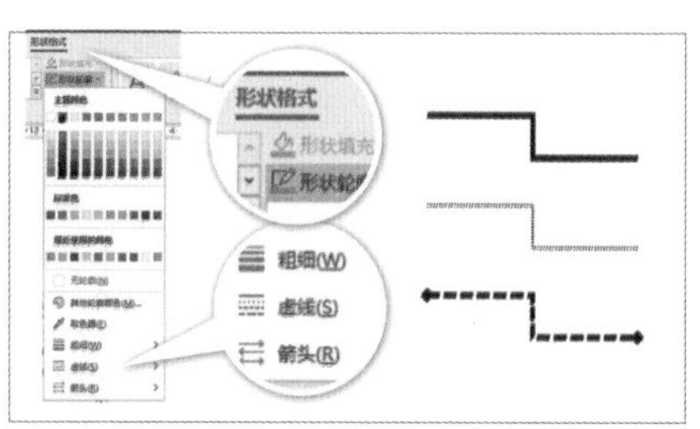

◆ 套路二：局部放大，让细节变得更突出

大图环绕法的适用范围特别广泛，不同的图片搭配不同的连接方式可以创造出很多种可能性。但有的时候，我们需要突出某个产品的细节，这时候，我一般会采用另外一种呈现方法：局部放大效果。

在此之前，我们要先学会做放大镜效果。别担心，大部分操作都是我们之前学过的。

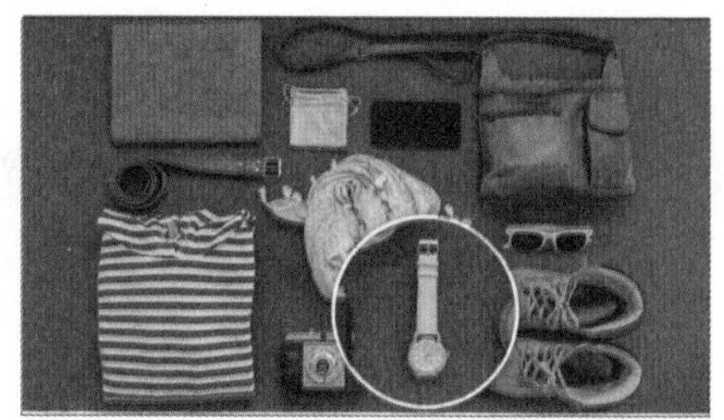

【放大镜】制作方法：

（1）找到目标图片，复制一张。

（2）对复制的图片进行裁剪。

（3）将裁剪区域变成正圆形，还记得怎么操作吗？[裁剪]—[裁剪为形状]—[圆形]，再选择[裁剪]—[纵横比]—[1:1]，新复制出来的图片就被裁剪成了圆形。

（4）双击图片，在[图片格式]菜单中选择[图片边框]，为图片添加一个3磅的白色轮廓。

（5）把图片适当放大，这时候，放大镜效果基本就做好了。最后，进行一些细节优化：在[图片效果]菜单中选择阴影。进入阴影菜单，选择[阴影选项]，将模糊选项拖拽到20−30。这样操作的目的是让阴影效果更自然，白色边框更明显，放大镜突出感更强。

学会了放大镜效果（下左），我们就可以把放大镜分别置于图片的外侧（下右），充当文字的项目符号，效果很好。

【实战小秘诀】

并列条目频繁增减怎么办？

在大图环绕法中，我们是用折线来连接图片和文字的。可是，这种方法一旦需要增减条目就会很麻烦——不但要挪动正文、标题，还要挨个调整折线的端点。所以，我推荐给大家另外一种办法：轨道连接法。

加入一个圆形，填充选择[无填充]，轮廓选择灰色虚线，宽度1.5磅左右。将这个空心圆调整得比图标大一圈，并置于底层，这样就能在图片周围形成一个类似卫星轨道的圆环。剩下的事就好办了——在轨道上根据需要放几个彩色的小圆，让它们就像卫星一样环绕在图标周围。

按轨道连接法设计出来的星空版式，即使需要频繁增减条目，修改工作量也会小很多。由于没有折线，只需移动文字内容和圆点就可以了，而且由于圆形百搭，所以无论星空布局中需要多少关键点，都可以完美匹配。

总结提升

这一节的主要内容是星空版式——发散型排列版式。这种版式比较适合呈现文字较少，且多条并列的内容。它把多个板块打乱，围绕着一个内核发散呈现：

星空版式=图片内核+关键词外环

星空版式的难点是确定内核。通常的内核有两种：无背景图片/图标或者裁剪成圆形的高清大图。至于星空版式的套路，我们介绍了两种——大图环绕法和局部放大法。

【大图环绕法】总结成一句口诀就是“图片放中间，文字绕周边”。具体的设计步骤主要分为三步：拆字，加图，连线。拆字是把文字拆分成多个板块，加图是加入纯色背景或者透明背景的图片，连接是用折线把文字和图片串联起来。

【局部放大法】遇到需要强调图片细节的情况时，这一节还列举了一个特别好用的效果——放大镜效果。这个效果的做法是先复制图片，然后将其裁剪为圆形，再加上白边和阴影。放大镜效果通常可以放在文字旁边，它能够很好地突出图片细节。

【测试与练习】

学了那么多，不妨看看下页两张PPT，里面用到了哪些技巧和套路呢？

拟物风图标
金属渐变
高光效果
阴影层次

隐藏式摄像头
智能语音助手
屏下指纹解锁

3.6 数据版式，hold 住各种图标的数据图表

在本章的前五节，我们讲解了五种适用于不同场景的排版，但是，我们并没有提到一个非常重要的内容——数据呈现。严格来说，数据的呈现并没有额外的版式类型，但由于数据内容有很多设计注意事项，所以我们需要用一节的内容来专门阐述。

◆ 数据呈现的三种状态：关键词、表格、图表

在PPT中，数据通常以三种状态呈现：关键词、图表、表格。接下来，我讲解一下这三类数据的呈现技巧：

类型1：关键词型数据

关键词式的数据是指那些零散夹杂在文案当中的数据。比如："公司将于长假期间展开促销活动，最高折扣达3折，并且还有幸运大抽奖。本次活动的宣传文案已经有100万的阅读量，3万次转发，报名人数超过2000人。"

这段文字里列出了三个数据：100万，3万，2000人。

如果想把这三个数据进行突出，可以将数据单独用文本框呈现出来，放置于文字上方。可是，把数据模块设计得整齐好看也是有技巧的，告诉大家两个优化关键词的小套路：控制宽度与横竖结合。

【控制宽度】

在呈现数据时，我们要尽量保证数据的宽度大体相等。比如，在上面的页面中（左上），100万这一数据太宽，而3万和2千又显得太窄，数据宽度差异比较大。那该怎样调整呢？

如果页面非常空，空间足够大，我们希望这个数字多占用一些空间，那我们可以把它用阿拉伯数字的方式呈现出来。如果空间不足，我们就可以利用一些计量单位将其简化，比如汉字的"千""万""百万"，英文的"k（表示千）""M（表示百万）"等。

回到案例中，100万太宽了，我们就加入汉字单位，将其写成“100万”，而另外两个数据太窄了，我们就拆散它们，以阿拉伯数字的形式呈现。这样，三个模块的宽度就基本相等了。

【横竖结合】

数据拆分出来了，宽度也大体相等，可是，还有一个问题，就是“数据单位”和“标签”的问题。比如在这个案例中，100万指的是阅读量，3万指的是转发量，而2千则是报名人数。如果不加标签，观众就无法理解这三个空洞的数字表示什么。这时候，我会以“横竖结合”的方式呈现：

（1）将数据文本框挪到一侧，空出一定区域。

（2）点击[插入—文本框]，选择下拉菜单中的[竖排文本框]，输入数据单位。

（3）调整竖向文字的大小和颜色，保证单位和数据高度大体一致。

这种横竖结合的方式呈现出来的数据更有设计感，而且可以节省出宝贵的页面空间。

类型2：表格型数据

在对表格进行排版的时候，由于表格本身就是方方正正的轮廓，所以在页面排版时可以根据表格的走向选择左右或上下布局排版。

由于表格型数据全面又详细，容易让观众感觉复杂，不易阅读，所以我们在呈现表格时，要尽量做到“化繁为简”。

具体怎么做呢？我总结了三个步骤：调整颜色，简化线条，突出重点。

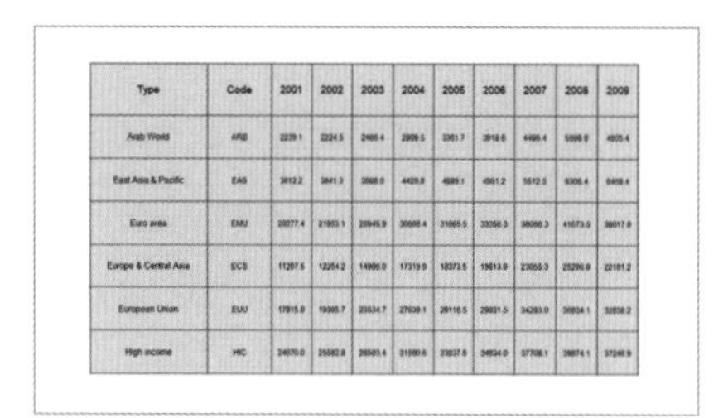

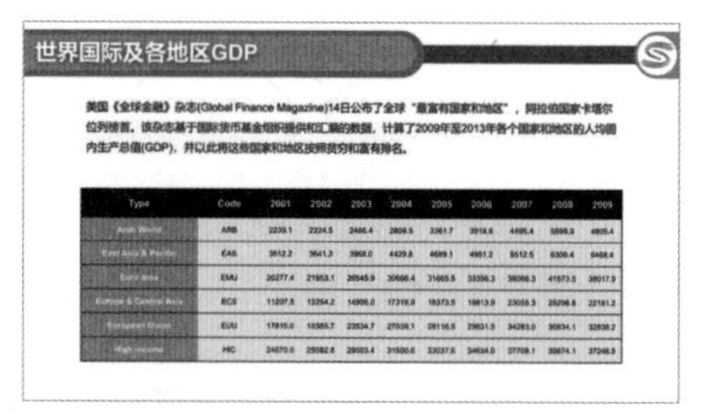

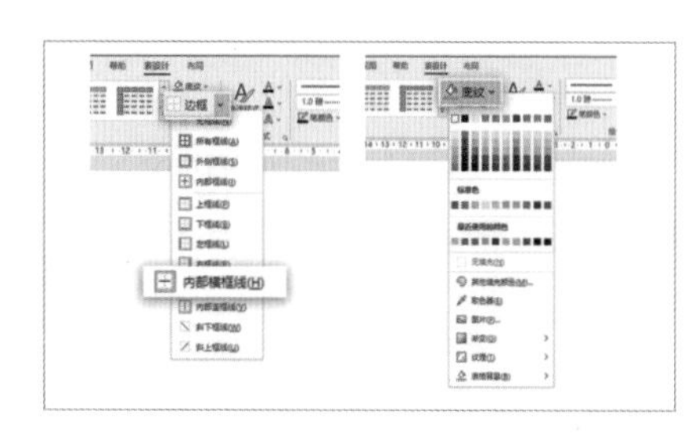

【调整颜色】

一个表格最重要的是第一行和第一列，所以第一行和第一列应该使用反差比较大的颜色，但我不建议用两种很鲜艳的颜色，因为很容易“辣眼睛”。最保险的方法是用万能的黑白灰搭配公司的颜色，我通常用深灰色加公司的主色调作为表格第一行和第一列的颜色。至于表格的其他部分，最好是使用白色或者透明色作为底色。

【操作】

选中表格时，找到[表格设计]菜单，通过调整[填充]选项的颜色改变表格的底色。

【简化线条】

线条越繁复，表格就会显得越复杂，所以我们在设计表格的时候，要尽量少使用线条，当然，完全没有线条的表格，看上去也不会很轻松。我总结了一个口诀“要横不要竖”——保留横线，去掉竖线。这样页面的线条就会显得精简，又不影响阅读。同时，横线的处理可以采用“上下粗，内部细”的形式，让表格的外部轮廓更加明显，内部更加精简。

【操作】

选中表格时，找到[边框]菜单，调整横竖线条。通过右侧的“绘制边框”菜单调整线条的粗细和颜色。

【突出重点】

表格中的个别数据可能需要突出强调，很多人会采用加上红箭头或者红圆圈的方法，而我通常会用“放大”的方式来达到目的。还记得我们在星空布局那一节提到的放大镜效果吗？它就完全可以应用在这节课的表格当中。

【操作】

将表格整体进行复制，右键选择[粘贴为图片]。然后，将表格裁剪出想要保留的局部区域。接着，将图片裁剪成正圆形，并添加白边和阴影，这样，表格放大镜就做好了，我们可以根据需要做出多个放大镜，然后再添加动画，使其逐个出现。

经过配色优化、线条精简和突出重点之后，整个表格的内容就变得清晰有条理，而且就算是一大堆数据出现在你面前，你也知道自己真正重要的数据有哪几个，就不会手足无措了。

类型3：图表型数据

和表格类似，图表型数据的排版也要根据走向来选择。一般分为两类：柱状图/条形图以及饼状图。

第一类：柱状图/条形图

柱状图和条形图基本上属于同一个类型，只不过区别在于是横向显示还是纵向显示。这两种图表都适合单一维度的数据信息，比如说销售额的大小，用户数的多少，等等。

做柱状图或者条形图时，我有两个小套路：精简干扰信息和观点辅助图形。

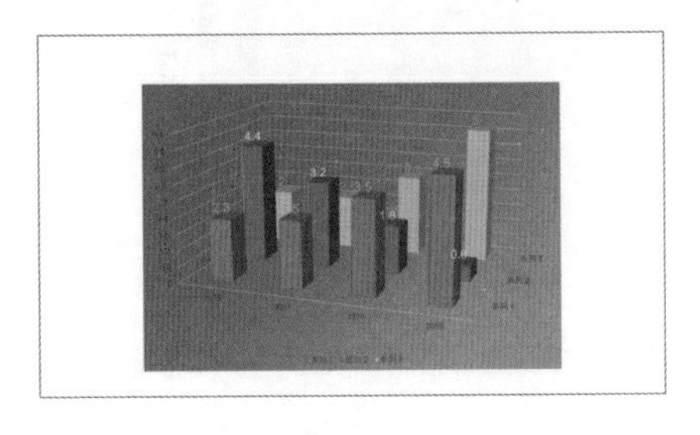

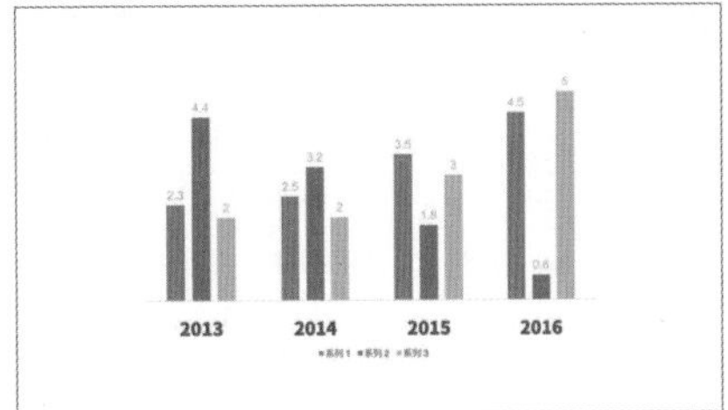

【精简干扰信息】

过多的装饰容易使图表显得累赘，应该全部去除。比如干扰阅读的三维旋转，过于花哨的渐变背景，等等。有时候，我甚至会去掉图表的纵坐标，因为大部分人都不是通过坐标上的数字，而是通过柱状图上的数据标签来判断数据的。这样，我们就把杂乱的图表变成了清晰、扁平的图表。

在颜色的选择上，同一个变量要尽量使用同一种颜色。过多的颜色只会让观众感觉到迷茫。你还可以配合演讲，把与当前主题无关的柱状图的颜色变成深浅不同的灰色，这样更有助于帮助观众理解你讲的是哪一个变量。

【操作】

选中你想要调整颜色的柱状图，然后选择适合的填充颜色。

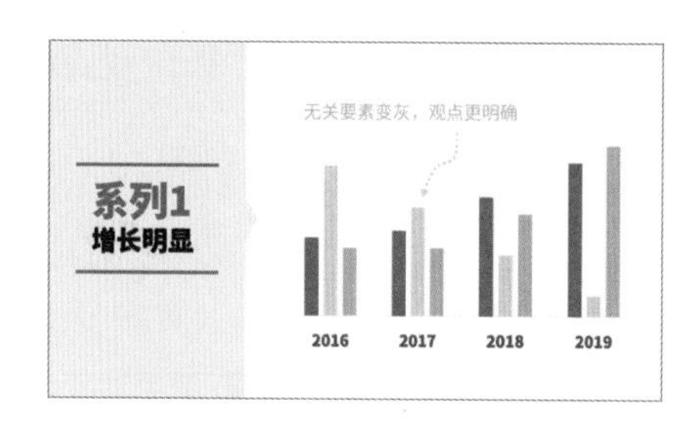

如果页面上有多个柱状图，可以采用多色系的方式，比如说第一个柱状图选择深浅不同的橙色，第二个柱状图选择深浅不同的蓝色，做区分。

【观点辅助图形】

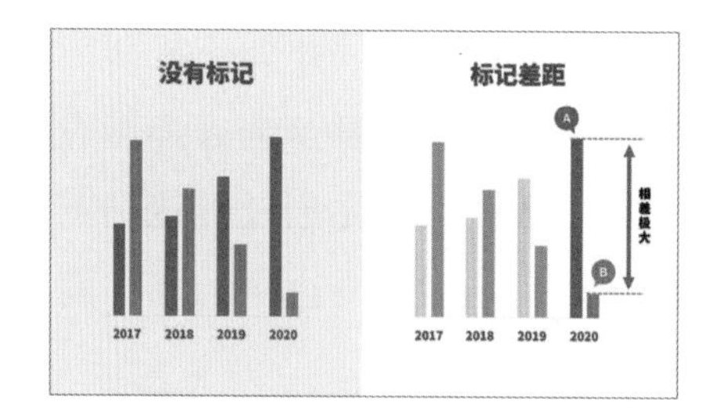

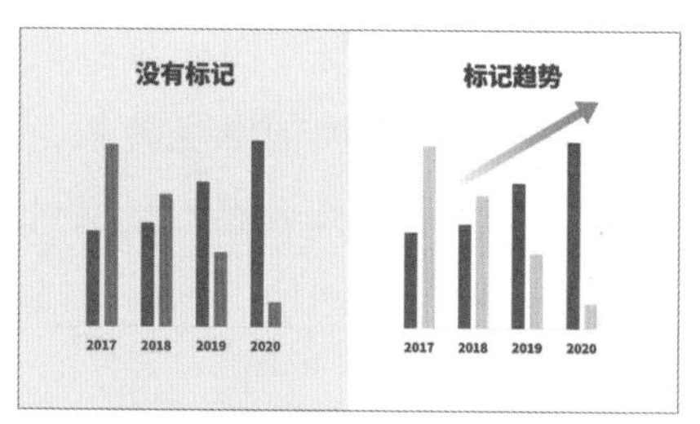

柱状图和其他图表一样，都是为了支撑观点的。所以如果有需要，我们也可以加入一些辅助图形来帮助观众理解我们的观点。比如左上图中，我用气泡标记了柱状图，用横线和双向箭头突出了两个系列之间的差异，这样其他人一看就知道——我想表达的是二者之间的差距。

而在右上图中，我则用了一条向上的直线表示上涨的趋势，再加上我又把无关元素变灰了，所以观众很容易理解我在强调一个上涨的趋势。

第二类：饼状图

饼状图主要是用来呈现项目之间的比例关系，它也是工作中最常用的图表之一。关于饼状图的设计技巧，我常用的两个套路是控制颜色数量和饼状图变圆环。

【控制颜色数量】

饼状图的颜色最好不要过多，通常控制在四种颜色之内，否则观众会因为颜色过多而感到眼花缭乱（左下）。如果饼状图真的有较多的元素，那也尽量归类成3-4种色系（右下）。这样虽然颜色多，但观众可以找到规律而不会崩溃。

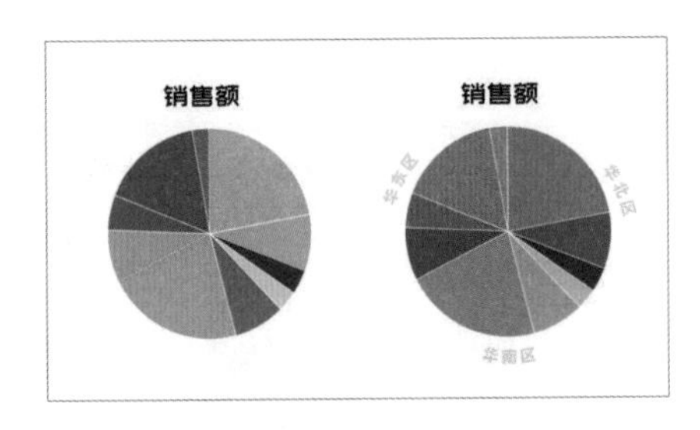

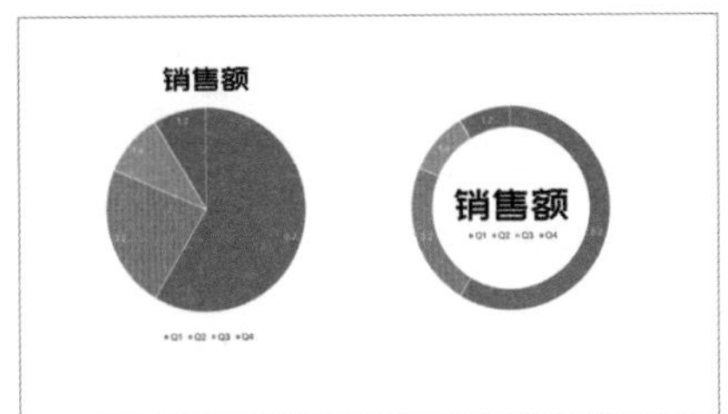

【饼状图变圆环】

很多情况下，饼状图可以直接替换成为圆环图的，而圆环图中间空心的部分则可以添加饼状图的标题，为页面保留更多宝贵的空间。你可以在圆环图中间放上文字的标题或者装饰的图表，这有助于让你把饼状图做得更加好看。

总结提升

最后，我们来总结一下，数据在PPT中的呈现类型主要有：关键词型、表格型和图表型。关键词型适合较少且零散的数据，要注意数字宽度统一。而表格型数据虽然全面，但是要注意化繁为简。具体做法分为三步：调整颜色，简化线条，突出重点。

最后，我们在设计时，一定要注意数据本身的类型和页面的排版，在美化时，要注意控制颜色，去除多余装饰。

【测试与练习】

仔细观察下面两张PPT，里面用到了我们讲过的哪些技巧和套路呢?

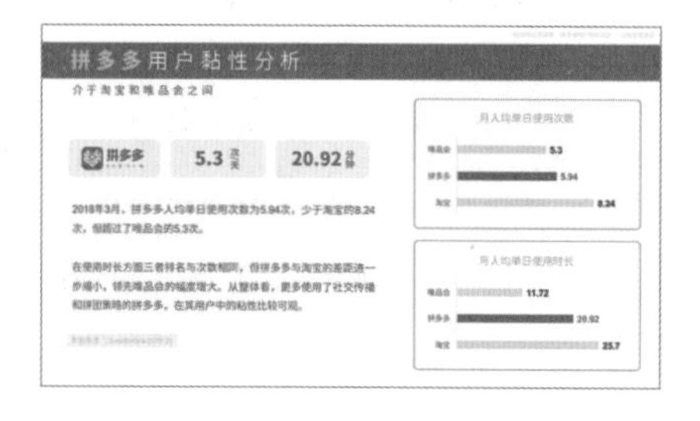

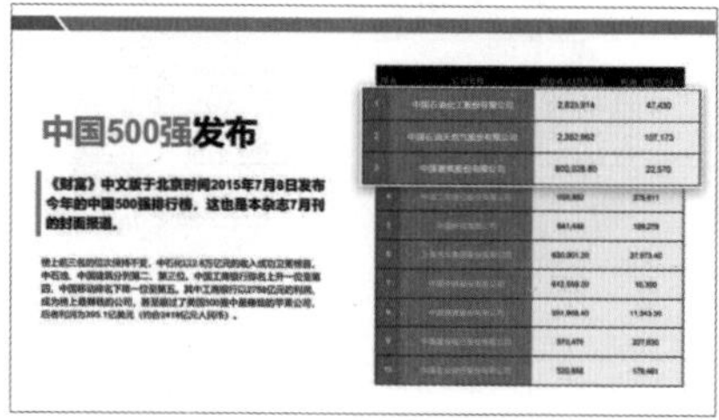

3.7 核心排版应用——实战演示

在前几节内容里，我们展示了PPT的六种经典版式。而在这一节内容里，我会利用前面已经讲过的知识，对一份活动总结型的PPT进行美化。

要想美化一份PPT，先要有骨架，也就是封面、封底、目录以及章节页，我把这些统称为“亮点页面”。其次，还要有活动总结内容的填充。

我整理了几种典型的活动总结内容的页面，分别是：

1. 活动概述；

2. 活动基本流程；

3. 活动现场照片；

4. 活动相关报道；

5. 下一步的工作计划。

接下来，我们一起看一看针对亮点页面和活动总结的典型页面分别应该如何优化。

◆ 设计亮点页面，搭好骨架

第一步，我们要设计好PPT关键节点的亮点页。

首先，设置封面、封底。我选择了一张车钥匙的照片当作背景。由于这张照片的左侧本身就有一个留白的区域，所以我们直接将标题放在左侧区域即可。不过，在放置标题的时候，一定要注意文字的对比。

注意看两个页面之中，标题有大小、粗细、颜色的对比，这样才会更有设计感。

至于目录和章节页，我采用的是左右布局的形式，左侧放图片，右侧放文字。为了保证目录文字的可读性，我还用了白色渐变作为过渡。目录页具体做法如下：

（1）在页面中加入图片。并且在右侧绘制一个白色矩形，形成左图右字的格局。如果你觉得图文交界过渡不够自然，也可以添加一个前面学过的“亮点版式”中的透明度渐变。

（2）加入英文标题，再用浅灰色搭配斜体作为底纹。而中文则采用蓝色底色，白色文字。然后，再用“分散对齐”调整标题间距，以增强质感。

（3）关于目录中的小标题，我采用了中英双语的呈现方式。左侧的序号大一些，和右侧文字高度基本一致或者略低一点，再用灰色竖线做一个过渡，让整体效果更加统一。

（4）设计好第一个小标题之后，我将小标题所有内容进行组合，并复制四次，更改文字。

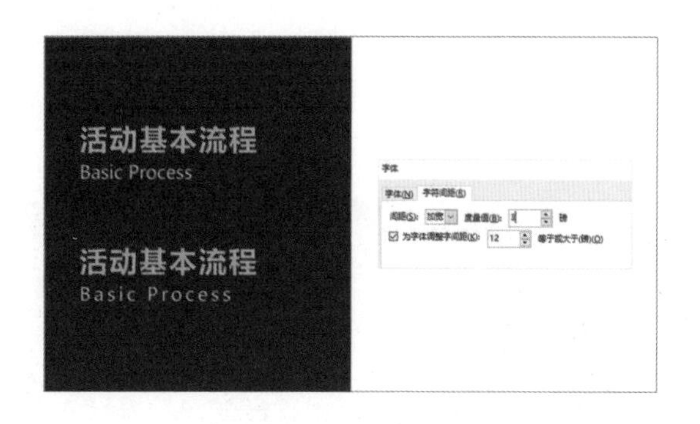

【实战小秘诀】

这里教给大家一个让标题质感更强的小技巧——调整文字间距。我在前文中提过，文字间距可以增强文字的质感，也介绍过“分散对齐”功能。

可是，“分散对齐”功能仅限于调整单行文字，如果字数不同的多行文字使用“分散对齐”，字间距就会非常不统一，显得页面很乱。

我们选中需要增加间距的文字，右键选择[字体]菜单，找到[字符间距]标签，输入3磅。这样，所有字符之间的间距就加宽了，阅读体验就会更好。

◆ 优化内容页面，填充主体

活动概述页

做完封面、封底和章节页之后，框架就搭好了。接下来该处理具体内容了。第一页内容是活动概述，包括活动的时间、地点、人数，等等。我们可以采用“上下布局+项目符号”的方式进行呈现。大家可以参考“上下布局”中【大图横幅】的做法。

活动流程页

第二部分是活动流程。这一个部分我们可以通过“上下布局”的【图标示意法】解决（左下图）。但一提到活动的时间流程，很多人会想到流程图或时间轴。所以，我们在这一节增加了一个新的方法——时间轴法（右下图）。

时间轴绘制方法

（1）绘制一条灰色箭头，调整好轮廓宽度。

（2）添加时间点。我采用的是蓝色填充，白色轮廓，并且添加了阴影效果（详见“星空布局”）。

（3）在时间轴上加入相关信息。可以是“上标题，下正文”，也可以是“上图标，下文字”。

【实战小秘诀】

我绘制的是比较标准的时间轴，其实它还有三种衍生形式：

（1）交错式时间轴。这样排版的时间轴文字交错排列，优点是页面更加错落有致，但缺点是能承载的信息量比标准时间轴要少一些。

（2）双轴式时间轴。内容较多时，可以绘制上下两条时间轴，上方从左到右，下方从右到左，然后在右侧绘制一条直线，这就形成了一个回转的时间轴。

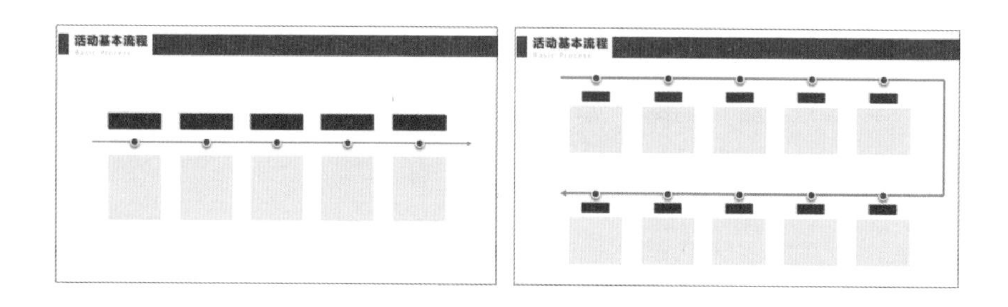

(3) 跨页式时间轴。

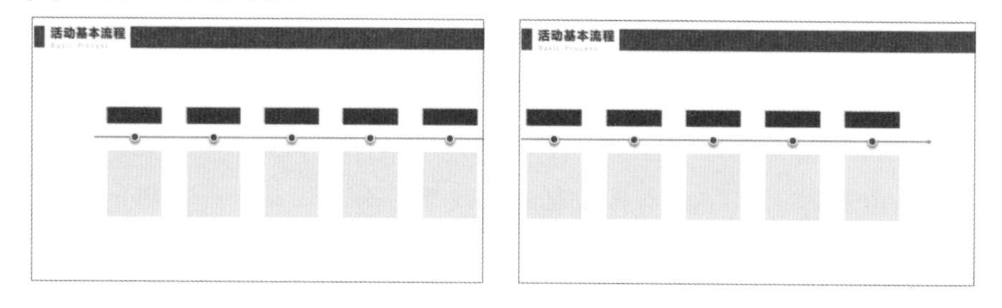

如果时间轴的内容非常多，连双轴的时间轴都无法呈现，我们就要考虑跨页式时间轴：

（1）绘制一份经典时间轴（时间轴的横线不要添加箭头效果）。

（2）将时间轴靠右对齐，贴近右侧页面边界。

（3）将页面复制一次，并将内容完整移动到左边，贴近左侧页面边界。移动的时候，按着[Shift]键，保证平移。

（4）在第二个页面中的横线处加上箭头。

（5）选择切换动画，找到[推进]动画，在[动画效果]处选择从[右向左推进]。

这样，两个页面的时间轴就会合二为一，自然地串联在一起。你还可以发挥创意，做出三合一，甚至四合一的时间轴。理论上，跨页式时间轴是可以无限延续的，特别适合呈现时间点较多的时间轴。

活动照片页

对于照片的处理，我们讲过很多种方法。我在这里提供两种我最常用的方法：图片矩阵和仿真相纸。

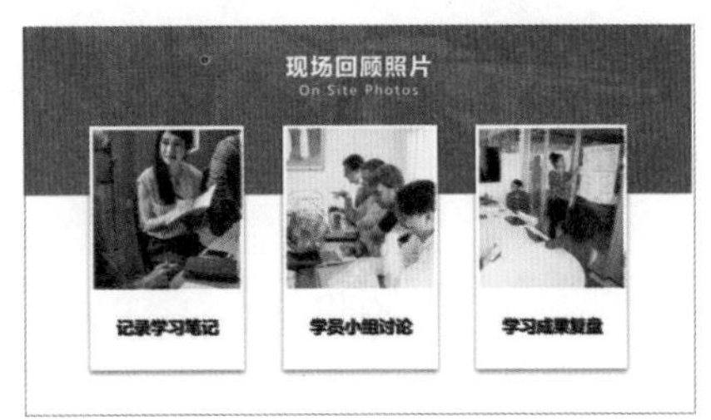

【图片矩阵】顾名思义，就是把图片工整地摆成一面图片墙。这就需要将图片统一比例和大小。具体方法我们在前面的内容中提过：先把图片排列整齐，图片可能会压缩得变形，这时候该怎么办呢？选择[裁剪-填充]。

【仿真相纸】不知道你还记不记得，在板块版式中，有一种方法叫矩形书签法——利用白底加阴影来组成板块。而这种白色矩形如果不放文字，而是放图片，则可以摇身一变，成为一张仿真的拍立得照片。我们可以利用这种方法制作多个相纸，效果非常好。

活动报道页

有的活动还会涉及内部或者公开媒体的报道。这类页面我们往往都用“文字描述+报道截图”的形式呈现。可是，电脑或者手机截图在页面上会显得非常突兀，如何让截图显得更自然呢?

我的建议是“哪儿来的回哪儿去”——手机截图就放回手机中，电脑截图就放回电脑框中。这样，截图就不会太突兀了，而且页面的质感也得到了提升。我们可以在网上找一个显示器或者一体机电脑的照片，把背景抠除，放上页面截图。

说到抠除背景，不知道你是否还记得透明背景的一些其他玩法。比如“左右布局”中的“跨界立体”，用样机去呈现，效果也是非常不错的。

未来计划页

活动概况、流程、现场照片和新闻报道在前文中都已经罗列完。最后，我们总结一下活动之后的工作推进。

这部分内容通常会用并列条目来呈现，比如下一步的三大计划、五大措施，等等。还记得我们之前讲过的并列条目的两种版式吗？板块版式和星空版式。

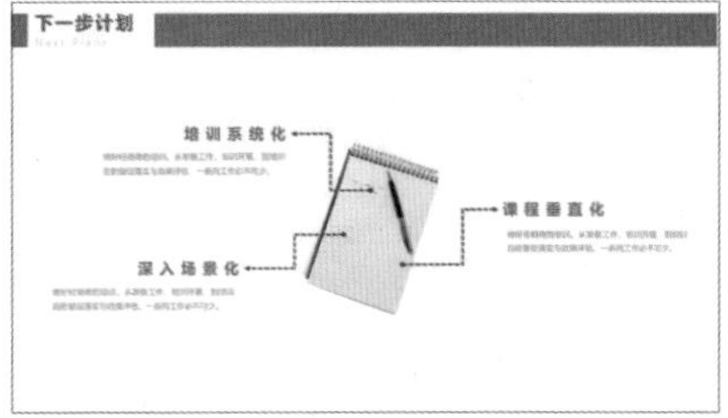

如果你的目标是比较详细的叙述，你可以用板块的方式呈现（左上图）；如果你的目标只是一些比较简洁的关键词或者数据，你可以使用星空布局的形式进行呈现（右上图）。这两种呈现方式效果都非常好。

到此为止，我们所有的页面都已经美化完毕了，配合之前设计好的亮点页面，整份PPT已经全部做完了。

总结提升

在本节内容中，我们拆解了一份活动总结的PPT，了解了它是如何美化的。其实，这几种设计方式的适用范围很广：相纸效果可以用来展示团队成员；“电脑外框+截图”的方法也可以用于广告公司的宣传策划案；时间轴可以用于工作汇报和工作规划。

• 封面、封底页：我们复习了文字对比设计和渐变过渡设计。

• 活动概述页：我们复习了“上下布局+项目符号”。

• 活动流程页：我们复习了“上下布局”的图标示意法，也在这个基础上阐释了时间轴的绘制方法。同时，还介绍了三种时间轴的衍生变化：交错时间轴，容量较少，设计感强；双轴时间轴，内容较多；跨页时间轴，内容最多，可以无限延续。

• 现场照片页：我们复习了图片矩阵和矩形书签的用法。

• 相关报道页：相关的工作报道往往都是通过截图的形式进行验证的，电脑截图也好，手机截图也罢，配上对应的外框都会让截图变得不再生硬和突兀。

• 未来计划页：根据内容翔实与否，我们可以采用板块或者星空版式进行呈现。

CHAPTER

第四章

如何让 PPT 演示得高效又受欢迎

我们在前几章的内容中讲述了 PowerPoint 的一些基本操作，分析了幻灯片设计的经典套路，而从这一章开始，我们就进入了最后一个章节的学习——演示篇。

在这一章中，我会告诉你如何讲好 PPT，并做好 PPT 演示。

很多人做 PPT 的本意是为了给演讲加分，但我也很遗憾地看到，很多人的 PPT 反而会给演讲减分。有些人的 PPT 虽然做得很好看，但是一上台就照着 PPT 念，让观众感觉非常烦闷。

我就在一次创业路演的现场见过一位演讲者，他的眼睛全程盯着 PPT，看一眼讲几秒，再看一眼，再讲几秒。虽然他准备的内容非常充分，但是台下所有的观众都觉得主讲人的演讲没有灵魂，还不如直接看 PPT。

4.1　两个妙招让你的 PPT 演示更抓人

那怎样才能讲好PPT呢？这里我们要明白主讲人和PPT之间的关系。主讲人和PPT之间，更像是相声里的捧哏和逗哏的关系。主讲人是逗哏，台词多，负责陈述事实，推动故事情节发展；而PPT是捧哏，别看台词少，在相声中也十分关键。有时候，捧哏看似不经意的一两句话，可以让“包袱”抖得更响。

如果你不爱看相声，可以去看一看电视购物。电视购物很少由一个人讲，多数是两人搭档。其中一个负责口干舌燥地持续介绍产品，而另一个在介绍的过程中偶尔说几句“天啊！效果太好了吧！”“这太厉害了！”“妈妈们买回去可就享福喽！”等捧场的话。可千万别小看这些话，它们往往才是打动观众的“最后一根稻草”。

所以，想要讲好PPT，一定要明白主讲人和PPT之间是一种互补的关系。

我给大家介绍两个通用法则：设计节点和错位呈现。

◆ 法则一：设计节点，自然表达

如果评比观众最反感的演讲者，“PPT念稿型”演讲者一定榜上有名。很多人上台就开始念PPT，其实这多是由于演讲者太害怕，害怕自己说错出丑，或者怕自己说的内容跟演讲稿不一样。

其实，对于大部分演讲而言，讲解自然比一字不差更重要。所以，我们完全没有必要把所有的演讲稿内容全部呈现在PPT上，只需呈现演讲稿中的关键要点就可以了，而在各个关键节点之间，你完全可以用自己的话术去串联。

早在公元1世纪，古罗马的演讲家就已经在用这个方法进行演讲了。当时，有一位叫奇切罗的演说家，他能在不依靠任何笔记的情况下滔滔不绝地进行长达几个小时的演讲。

这位演讲家是如何做到的呢？借助广场上的石柱子，把它们当作自己的记忆工具。奇切罗会把自己的演讲内容拆分成不同的片段和主题，分别安排在不同的石柱上。当他演讲的时候，他会在广场的各个石柱之间移动，每走到一个柱子，就会想起这根柱子代表的关键词，从而想起该讲的内容。

我们在使用PPT的时候，也可以采用这种关键节点的方法，帮助自己记忆演讲内容。

举个例子，这页是我一次讲座里的PPT，当时我想表达的内容其实是："著名的畅销书《异类》的作者马尔科姆·格拉德维尔提出过'10000小时理论'。他认为，一个人要想在某个领域里从新手成长为专家，需要10000个小时的'刻意练习'。我一直以为10000小时理论的重点在于10000小时这一时间长度，后来我才了解，这个理论的重点在于后半部分，就是刻意练习。学习PPT也是一样，我们想要快速提升，必须要对PPT进行归纳总结，找出PPT设计的套路，然后反复实践，这样才能够快速地获得提高。"

大家发现了吧，我的PPT上只有几个字，可是对应的演讲稿却有一百多个字。如果我对演讲稿不熟，觉得只有这一行字太少了，害怕忘词，那该怎么办呢？可以肯定的是，我们不能把演讲稿直接粘上去，否则迎接你的肯定是一场噩梦。

作为主讲人，面对满屏幕的文字，你很难找到刚才忘词的时候到底讲到哪了。作为观众，你会发现与其听主讲人讲述，不如直接看PPT上的稿子，毕竟我们阅读的速度比聆听快多了。于是，观众只要几秒钟，就能把内容全都看完，就不会再听你演讲了。

那我们该怎么办呢？我们可以在PPT上只呈现重要节点的关键词。

比如“马尔科姆”“10000小时”和“刻意练习”。对于主讲人而言，这几个词已经足够联想出80%的内容了。用自己的话去串联这些关键词，可以让观众感觉你不是在念稿子，而是在自然地表达。

所以，如果你担心自己记不住演讲稿，千万不要大段地堆砌文字，而应该适当增加关键词，方便自己回忆。

观众其实很聪明，他们总能明显感觉出来什么样的演讲是硬背出来的，什么样的演讲是主讲人用自己的语言讲出来的。我们在演示的过程中，只要保证关键要素是准确无误的，要素之间的衔接语言完全可以自由发挥，用自己平时最舒服的语言去表达就好。

◆ 法则二：错位呈现，制造悬念

我特别喜欢看一部电影——《碟中谍》。其实，这不只是一部电影，而是一个系列，目前已经有了六部，每部都扣人心弦，惊心动魄。大明星汤姆·克鲁斯是这个系列电影里永恒不变的主角，他和他的队友一次又一次地拯救美国，拯救地球。

可是，说来奇怪，如果《碟中谍》出了第七部，我敢肯定，情节肯定也是恐怖分子发动袭击，然后“阿汤哥”拯救地球，拯救人类。虽然已经知道了大致的情节，但我仍然会看，为什么呢？因为大多数观众喜欢的是影片紧张刺激的悬念，而不只是最终的结果。

所以，要想让演讲变得精彩，铺设悬念十分重要。只有多次受挫、屡战屡败，挑战者才会印象深刻。如果你想突出安全，就要先铺垫危险；如果你想突出快捷，就要先铺垫烦琐；如果你想突出浪漫，就要先铺垫平淡……落差越大，情绪调动越充分，就越让人印象深刻。

设计悬念还是比较好理解的，但让我痛心的是，很多人明明设计了悬念，却还是讲不好，罪魁祸首就是PPT播放的时机不对。不知道大家有没有这种经验：去看一部带字幕的英语电影，你会发现自己的英语听力其实还不错，这个词能听出来，那个词也能听懂。但关闭字幕之后，你又会发现，自己的听力突然变差了，这也听不懂，那也听不懂。

同样的道理，如果我们在演讲的时候，一边放PPT，一边讲解，观众就会觉得一切都顺理成章，合情合理，悬念也就不复存在了。可如果我们像遮挡字幕一样，刻意隐藏一部分信息，让它们错位呈现，效果就好多了。

举个例子，上图中的这位老人叫作王德顺，1936年生人，今年82岁。他原本是电车售票员，结果越活越精彩，49岁研究哑剧，50岁开始健身，79岁时居然登上了时装周的T台秀。

我刚才的这段陈述就是一个典型的反面例子，因为我是一边呈现图片一边讲解内容的，观众听完也就听完了，悬念设置得很失败。

那应该怎么改呢？没错，错位呈现——给观众看图，但不告诉观众他是谁。这时候，观众肯定会思考：他是谁？为什么光着膀子？为什么会出现在T台上？当受众有了这些疑问之后，你再将老人的经历娓娓道来。或者可以告诉观众他是谁，但不要给观众看他的样子。先把老人的传奇经历讲解清楚，观众自然会对这位老人产生兴趣，这时候再呈现照片，效果也很不错。

演讲时，主讲人和PPT的关系类似于相声里的捧哏和逗哏，最好维持一种此消彼长的关系。在讲解悬念的时候，要么先看图后讲解，要么先讲解后看图。两者错位呈现，才能让悬念更有魅力。

总结提升

我们分析了演讲中经常出现的两种问题。第一个问题是，机械式地念稿子。解决方法就是不要一字不漏地表述，只要能用自己的话把重要的关键点串联起来即可。

做PPT也是同样的道理，尽量不要出现大段的演讲稿，而应该用关键词代替。第二个问题是演讲缺乏悬念。这个问题通常和我们呈现的方式有关，我们可以通过主讲人的PPT的配合，实现错位呈现，从而产生悬念。这两个技巧可以让你的PPT取得更好的效果。

4.2 好的开场白，演示就成功了一半

在这一节，我们主要学习如何做好演讲的开场。为什么我专门要用一节的内容去阐释演讲的开场呢？这是因为开场好坏决定了观众对你的第一印象，而第一印象又决定了对方愿意在你身上花多少精力。

应聘工作的时候，第一个环节往往是自我介绍。你以为面试官让你做自我介绍是想了解你叫什么名字，来自哪个城市，毕业于什么学校吗？非也，毕竟面试官手上捏着你的简历呢，不用你再说一次。这个自我介绍，其实是面试官在筛选有潜力的，值得他留意的应聘者。所以好的自我介绍，并不是提供个人信息，而是提供自己的闪光点，告诉面试官：看这里，看这里。

同样，演讲的开场也从来不只是告诉观众你演讲的主题。好的开场是让观众觉得你的演讲非常有价值，值得他们关注和聆听。开场设计得好，观众就会对后续的内容充满期待，演讲的效果自然事半功倍。告诉大家一个设计演讲开场的秘籍：SCQA 原则。

SCQA 原则中，S 代表情景，也就是陈述背景信息；C 代表冲突与矛盾；Q 代表问题；A 代表回答。而对这四个元素依次描述，就是开场白的经典结构。

◆ 经典结构，引发观众的好奇心

SCQA为什么要以S（情景）开头呢？

首先，事实比观点更容易获得认可。比如我和我妻子聊天，我妻子说我胖了，我肯定不高兴。因为我胖不胖属于观点，双方对于同一个事实可能会有不同的观点。可是，如果我妻子说："你体重是不是都快90公斤了？"我就不太好反驳了，因为这是事实。

开头最先陈述事实的第二个原因：如果你陈述的事实是对方熟悉或者感兴趣的，就很容易让对方产生共鸣和代入感。在对方产生兴趣之后，我们还要告诉观众，事情没有那么简单，不要想得too simple（太简单），事物背后总是有些需要解决的问题的，这就是Complication（更复杂化的事物），代表冲突和矛盾。有矛盾了，自然希望获取答案，因此，Q和A是用来引出主讲人自己的观点的。

这样解释完之后，我们举个例子，以方便大家理解。之前，有一款治疗灰指甲的药物叫"亮甲"，该医药公司做过一系列经典广告，广告语是这么说的，"得了灰指甲，一个传染俩，问我怎么办？马上用亮甲。"

分析一下，这不就是我们刚才说的SCQA吗？先说已知情景：得了灰指甲。这个事实可以迅速吸引相关用户的注意。接下来是冲突——一个传染俩。灰指甲是有传染性的，如果不治疗，越来越严重，怎么办？然后给出观点：问我怎么办，马上用亮甲。剩下的事情，就是讨论为什么要用这款药，它的优势在哪里，如何去使用等细节了。

道理明白了，我们来实验一下。

小李最近开了一家主打健康轻食的外卖餐厅，专门给那些健身或者减肥的职场人士提供工作午餐。现在，他有机会去一家孵化器公司推广他的餐厅，他应该如何开头呢？当然，他可以选择最朴实也最直接的方式这么说："大家好，我是小李，我开了一家健康轻食餐厅，下面我来为大家介绍一下我们餐厅的产品。"

这么说固然没错，可是观众会感觉很生硬，对于后续内容也不会有太多的期待。那我们就可以按照SCQA来展开。

S（情景）：大家都是职场精英，工作很辛苦，所以午餐就显得特别重要。我看了一下，咱们单位周围的吃的还真挺多，有炸鸡、汉堡、川菜、烧烤，等等。

C（冲突）：虽然选择多，味道好，可是基本都是高油高盐的菜品。吃多了，脂肪摄入超标，长痘还长胖。

Q（问题）：那有没有好吃又健康的午餐选择呢？

A（回答）：试一试我家的鸡胸肉沙拉吧。

还可以再详细阐述自己产品的优势、特点、购买渠道，等等。总之，通过SCQA四个部分的展开，符合听众需求的演讲开头就产生了。

◆ 演变结构，合理变通应对更多场景

虽然SCQA是一个经典的开头结构，可是这个原则在实际工作中运用的时候也会遇到一些困扰。比较常见的问题有两个：元素少，顺序乱。

缺少元素怎么办？

很多朋友在使用SCQA原则进行铺垫的时候，经常会发现自己的序言并不是由四部分组成的。举个例子：如今很多人都会选择在下班之后做做有氧运动，跑跑步。可在长距离跑步之后，肌肉会发紧发硬。这时候，我们就可以选择用泡沫轴来放松了。

下班运动是情景；肌肉发硬是冲突；泡沫轴是答案。可怎么好像缺少“问题”部分呢？这点很正常，其实在SCQA当中，情景是铺垫，冲突是核心，答案是观点，而第三个元素Q，也就是我们说的问题，只是一个过渡而已，相当于四个字“那怎么办”。

冲突有了，那怎么办？矛盾激烈，那怎么办？因此，在实际工作中，有时候就会像之前泡沫轴的案例一样，省略问题部分，把SCQA四部分变成SCA三部分。

顺序错乱怎么办？

很多人用SCQA分析法去分析别人的表达时会发现，不但成分有所缺失，顺序也不尽相同。其实这也是非常正常的，我们需要根据不同的情况，对SCQA的顺序进行调整。在这里，我介绍两种常见的展开模式：

(1) ASC——开门见山。这种模式常见于给领导做汇报的时候。比如领导参与会议的时间非常紧张，就会说三个字：“说重点。”什么是重点呢？

重点就是你的结论。所以，你就可以把最终的结论先提前，把序言结构改成：ASC，先说结论，再谈背景，最后引出背景中的冲突。比如："领导，我觉得周二的碰头会应该延后一天。张总周二上午会和合作伙伴确认合作细节。细节没出来之前开碰头会的话，可能后期会返工，耽误项目进度。"观点在前，开门见山，十分清楚。

(2) CSA——突出痛点。当你想要促成某些改变的时候，就可以把困难和矛盾放在序言的最开始，变成CSA，即"冲突－情景－答案"。我们可以在大量的广告中见到这种一开始直接揭露痛点的结构，比如很多电视购物栏目，上来不推荐产品，而是先列出若干个痛点：脸部长痘，口腔异味，嗓子不舒服，如果这些问题您都很熟悉，那么就要注意了，您的体内可能湿气比较重。湿气重会给身体带来很多不好的问题。所以今天给您推荐这款保健品，可以帮您排湿排毒，强身健体。主持人首先抛出了三个不良症状，让观众把注意力放在矛盾上，然后分析背后原因，提供解决方案。这就是我们说的CSA。当你想要突出矛盾，促成改变时，让对方真正意识到痛点是一个比较好的办法。

总结提升

我们在这一节内容里介绍了设计演讲开头的经典模型：SCQA模型。先抛出能够引起观众认同的场景，然后揭露场景背后的矛盾和冲突。有了冲突怎么办呢？提供你的观点和答案。根据不同场景的需求，SCQA原则还可以进行一些演变，比如开门见山的ASC模型，以及突出痛点的CSA模型。

希望这一节的内容能够让你学会如何设计演讲的经典开头，让你的演讲赢在起跑线上。

4.3 PPT演示得有温度且有力量

在这一节内容里，我们将探讨如何把PPT讲得更有温度。什么叫“有温度”？举个例子，有个词叫作“种草”，说的不是在花园里栽培植物，而是指那些有强大推荐能力的人给你推荐东西。

我周围就有很多“种草高手”，你不能跟他聊天，因为你和他聊天，聊着聊着，自己的购物车就满了。

消费者永远对好产品有需求，可为什么我们都不愿意去看说明书，不愿意去看产品数据，而愿意听KOL（关键意见领袖）推荐，甚至愿意听周围朋友对于某个产品的抱怨呢？因为他们真实、有温度。

所以，想要讲好PPT，光有理性的事实、数据、逻辑是不够的，还要有感性和感染力。

如何才能把PPT讲得更有温度和说服力呢？诺老师给你提供两个经典高招：呈现画面和转换数据。

◆ 高招一：营造画面，迅速增加说服力

想要语言有温度，营造画面感是一个非常有用的办法。

举个最简单的例子:《舌尖上的中国》就是营造画面感的典型案例。同样是形容美味的食物,《舌尖上的中国》从来不会局限于“好吃”“美味”“好味道”等形容词,而是为你营造一个个画面。

我经常在晚上备课的时候,把《舌尖上的中国》当作背景音乐,也不看画面,就听旁白的讲述。《舌尖上的中国》的旁白细节特别丰富,画面感特别足。不但能够让你关注菜品本身,还会去关注食材的来源、收集食材的人物,以及人物背后的文化。

比如形容农民在田间耕种的生活,《舌尖上的中国》是这么说的:“三月回暖,播种南瓜、丝瓜,等待萌发成芽;四月蝴蝶化茧,砍取枝条,给山药搭好支架;五月,燕子筑巢,准备秧苗,菜园等待施肥;夏种之后,玉米成熟,丝瓜、南瓜可以收获;待到九月十月,播种藠头,静待来年开春生长,四季轮回,应季而作,应季而收,中国农民用祖先的经验,获得了丰沛的回报。”整个画面在旁白的叙述中缓缓铺陈在你面前。

如果你学会了营造画面感,学会了讲述时增加细节,哪怕泡个方便面也能变得有温度:“淡黄色的面饼经过烘干之后,仍然保留大量的淀粉。将北纬40度的优质地下水煮沸,浇在面饼之上。面饼吸水、还原、软化,变得软硬适中,易于食用。”这样一改是不是感觉都不一样了?所以,增加细节,营造画面感,是一项重要的能力。

那怎样才能锻炼自己营造画面感的能力呢?我们可以使用“50脑暴法”。这种方法可以迅速帮你摆脱空洞和抽象的形容词,营造出有说服力的画面。具体操作如下:

50脑暴法操作方法：

【确定瞬间】回忆某个瞬间，在头脑中复现当时的画面。如果有可能，也可以借助一些图片或者视频。

【罗列问题】针对画面罗列50个问题，不需要写答案，尝试从各个方面提出问题。比如天气、任务、时间、地点、事件、穿着，等等。不设局限，随意罗列。

【回答问题】从每个维度挑选1–2个典型的问题进行回答。注意，回答一定不要用单词，必须使用描述性的完整的句子。同样是回答天气方面的问题，“天空很蓝，飘着三四朵白云”就比“蓝天白云”要好，因为前者是描述性的完整句子，后者是词语。

【缝合答案】根据篇幅要求，挑选自己喜欢的答案，把它们串联起来，就可以变成非常有画面感的描述了。

举个例子，比如我们要用语言来描述一个度假的场景。你会怎么说呢？是不是头脑中只能浮现一些诸如“轻松”“愉快”“舒适”之类的词语？不如用“50脑暴法”来试试吧。

（1）确定瞬间。比如我们把度假定格在某个早上——我们吃早餐的场景。

（2）罗列问题。这顿早餐是在哪里吃的？餐厅环境怎么样？人多不多？周围还有其他朋友吗？这顿早餐为什么会有两个鸡蛋？旁边的咖啡加没加糖或者牛奶？周围有没有音乐？面包的口感怎么样？你吃饱了吗？感觉怎么样？只要你愿意，这些问题可以无限问下去。

（3）经过“回答”和“缝合”，这个瞬间就变成了：“我还记得去年我去菲律宾旅游吃过的一顿早餐。那是一家位于海边的餐厅。这家餐厅白天是餐厅，晚上是酒吧。我点了一份西式早餐，因为肚子比较饿，所以还额外加了一个鸡蛋。鸡蛋的蛋黄没有完全凝固，搭配着面包和茄汁黄豆非常好吃。我看着蓝天碧海，吃着早餐，喝着咖啡，感觉到前所未有的放松。”

经过几个细节问题的随机串联，是不是描述的丰富程度有了很大的提升呢？这个方法每个人都可以轻松掌握，通过训练，你就会发现自己的描述能力有了极大的提高。

◆ 高招二：合理转换，化解数据冰冷感

在演讲当中，我们有时候会利用数据来印证自己的观点。数据虽然很权威，可是会显得冷冰冰的，不容易打动观众。

举个例子，如果我要介绍一款手机，只采用堆数据的方式进行呈现，效果是这样的：6.63英寸的屏幕，像素密度381ppi，屏占比88.07%，4000毫安时电池，6GB内存，八核处理器，1200万像素后置摄像头，2400万像素前置摄像头……

看了这些数据，你有什么感觉呢？是不是觉得虽然专业，但是缺少温度呢？

这时候，我们就需要对数据进行换算。冯小刚拍过一部电影——《私人订制》。电影中，郑恺饰演的马青为了感谢他的救命恩人丹姐，准备实现丹姐想当一次有钱人的梦想，让她体验一天身家100亿的有钱人。可是问题来了，对丹姐这名普通的环卫工人而言，100亿就是个很大很大的数字而已，完全没有概念。

那怎么办呢？他们进行了两个换算：如果把100亿换成现金，装到载重5吨的大卡车上，至少需要20辆才能把它全拉走。如果清点1万现金需要1分钟，那么即使丹姐不吃不喝不睡觉，一天24小时坚持数钱，也需要接近两年的时间才能把100亿现金清点一遍。这两个比方让丹姐立刻就意识到100亿是多么大的一个数字了。

电影中这种把数值进行转换的方法，我们在演讲中同样可以使用。如果我们觉得观众不容易理解演讲中的某个数据，就把这个数据转换成观众有概念的数据。丹姐虽然没见过100亿，但是见过大卡车。虽然她对100亿现金没概念，但是对于持续不停数钱是有概念的。所以数值换算是一个让观众产生画面感的常见方法。

再举一个例子，有一次，在锤子科技的手机发布会上，主讲人讲到了Smartisan系统的无障碍模式。当时的主讲人朱萧木列举了一个比例：目前，我国残障人士的总人数达到了8502万人，占总人口的6.35%。这个数据很冷冰冰，我们很难确切地感觉到这个数字背后的分量。

可是，朱萧木后来又说了一个比例：全国姓张的人，占全国总人口的6.83%。你想想你的同事张大哥，隔壁邻居张叔叔，送快递的张小弟……是不是眼前立刻就出现了一个熟悉的画面呢？这样一转换，你就能迅速了解——6%其实是个非常大的比例。

所以，当我们需要进行单位换算的时候，就可以去网上搜索一些参考标准。比如距离，我常用的参考有：标准足球场长120米，环绕故宫的距离大约是5公里，北京到上海的距离大约为1200公里。

有了这些标准，我们就可以尝试对数据进行转换了。比如，PPT的标准宽度为33.867 厘米，按一份30页计算，我设计过的PPT打印出来一字排开可以排10000多米，足以绕故宫一整圈，跨越100个足球场。怎么样，是不是找到点感觉啦？

总结提升

我们这一节的主要内容是如何让PPT内容的表达更富有温度，方法有两个：营造画面和数据转换。对于主讲人而言，如果你能把抽象的描述变成活生生的画面，说服力和影响力肯定会大大提升。无论是在对外的公众演讲，还是在日常和朋友的聊天中，这两种方法都可以帮你把表达变得更加容易理解，更加打动人。

CHAPTER

第五章

PPT 的多场景运用和变现

经历过前面的强化训练，相信你已经能够灵活运用学到的 PPT 技术，解决工作中的 PPT 问题了。但 PPT 能带给我们的好处绝不仅是工作效率的提升。从这节课开始，我们将会进入拓展应用篇，把我们在 PPT 中学习到的知识和技巧应用在更多方面。

5.1 如何设计一份受人青睐的“好简历”

一份好简历的重要性自然不用我多说，相比Word，PPT有更完善的设计功能，能做出更加整齐美观的简历，帮助你获得心仪的offer。什么样的简历更容易获得青睐呢？我总结了三个标准：条件合格，能力匹配，排版清晰。

条件合格就是你符合岗位的基础要求，比如教育背景和工作年限等。基础条件不符合，你的简历第一轮就会被筛掉。

能力匹配就是你要从个人经历当中找出证据，证明自己的能力和用人单位的需求足够匹配。比如你做了什么项目，取得了什么成果，等等。

第三点叫作排版清晰。很多简历排版混乱，明明履历非常符合用人单位要求，可看上去完全没有重点，最后痛失offer。所以，一份好的简历排版不一定要花哨，但是一定要清晰，能让面试官迅速找到闪光点，为自己争取到更大的机会。

◆ 三步做出一份优秀的PPT简历

那如何用PPT设计出美观清晰的简历呢？三个步骤：设置页面，划分区域，输入内容。

（1）设置页面

通常的PPT页面都是4∶3或者16∶9的横向页面。而个人简历则需要纵向呈现A4纸大小的页面。所以在设计简历之前，我们要先调整页面的比例和尺寸。

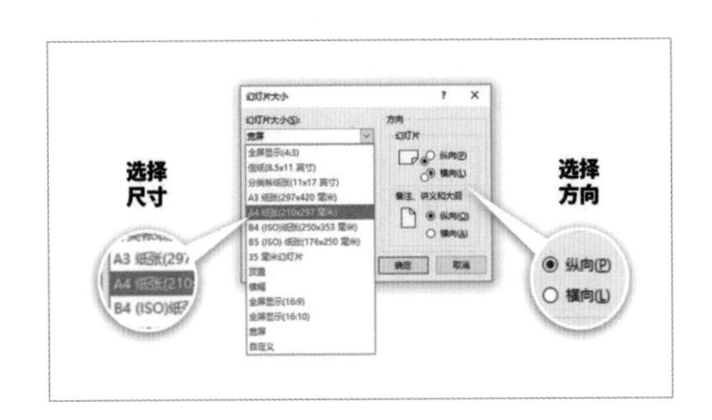

我们可以在设计菜单里找到[幻灯片大小]（老版本叫“页面设置”），点击它，找到页面大小，选择A4纸，并且在右侧选择纵向按钮，点击确定之后，我们就发现这个页面变成了纵向的A4纸大小。

（2）划分区域

缺乏区域和板块划分的简历一定是失败的，因为它完全不能帮助阅读者抓到重点。而个人简历应该划分为几个板块呢？通常是四大区域板块：个人信息、教育背景、实践经历、荣誉/特长。

（3）添加内容

第三步就是添加内容了，添加内容的时候要注意两个基本原则。

原则1：大部分文字要清晰地对齐轮廓线，这样才会显得工整有条理；

原则2：标题要足够突出，这样才能方便阅读简历的人快速检索到信息。

◆ 制作超简单，视觉效果好的三种简历风格

说了基本的步骤和原则，也许你对如何制作PPT已经有了概念和方向。不过，简历的风格有那么多，有没有什么制作简单，视觉效果又好的简历呢？当然有！诺老师在这里为你总结了三种懒人也能学会的PPT简历风格：简约通用、边栏色块、渐变底色。

风格1：简约通用风格

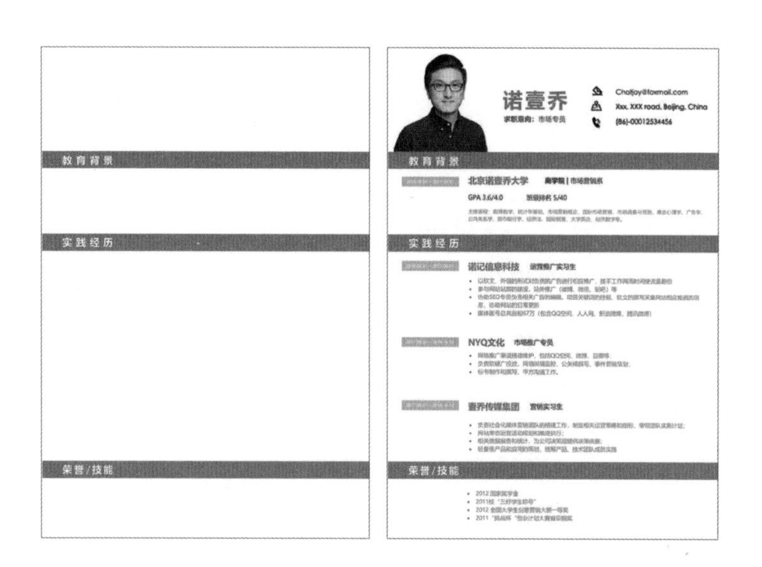

这种风格的装饰元素相对较少，简单大方，适用于大部分场景。设计过程如下：

（1）将页面设置成纵向A4页面。

（2）绘制一个贯穿左右的矩形，在上面添加一个文本框，输入“教育背景”，利用分散对齐调整文本框宽度。将二者组合在一起。

（3）复制两次，分别把文字内容修改为“实践经历”与“荣誉/技能”。页面就被分为了四大板块。

（4）在顶部加入个人照片、姓名、联系方式等信息。在联系方式前，可以加入风格统一的图标。时间不够的情况下也可以加入项目符号。

（5）将主题内容输入PPT当中。主副标题用一个文本框，正文单独用一个文本框。记得遵循“先调整，再复制”的原则：先确定好其中一个文本框的格式，再用格式刷统一格式。

（6）调整文本宽度，保证左侧有足够的留白，一方面可以让页面更简洁，另一方面也便于读者检索消息。然后，选中所有文本框，检查是否都靠左对齐。如果有错位，可以通过“对齐菜单”完成左对齐。

（7）用浅灰色色块加入相关时间节点。至此，这份简约通用风格的简历基本就完成了。

【实战小秘诀】

（1）对于简历而言，个人照片非常重要，最好使用专业的证件照。我使用的是白底证件照，白底证件照会和背景融为一体，容易产生“腰斩”的效果。我建议把白底证件照贴边摆放。如果你采用的是蓝底或者红底的照片，那么秘诀是不要贴边，最好和边栏有一定的间距和留白。

（2）横栏标题的颜色和各个段落小标题的颜色最好统一。比如案例中，横栏是橙色，小标题也是橙色。

（3）如果内容较少，页面较空旷，可以调整段落之间的留白大小，文字的行间距也要进行优化。不要让页面产生太大面积的空白。

风格2：边栏色块风格

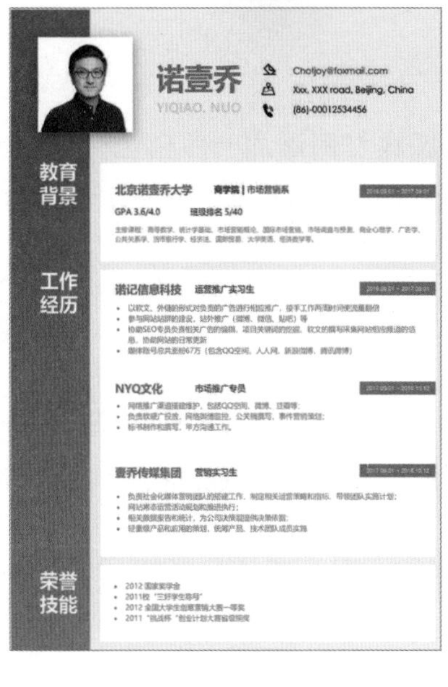
诺壹乔
YIQIAO. NUO
Choljoy@foxmail.com
Xxx. XXX road. Beijing. China
(86)-00012534456
教育背景
北京诺壹乔大学
GPA 3.6/4.0
班级排名 5/40
工作经历
诺记信息科技
运营推广实习生
NYQ文化
市场推广专员
壹乔传媒集团
营销实习生
荣誉技能
2012 国家奖学金

诺壹乔
YIQIAO. NUO
Choljoy@foxmail.com
Xxx. XXX road. Beijing. China
(86)-00012534456
教育背景
北京诺壹乔大学
GPA 3.6/4.0
班级排名 5/40
工作经历
诺记信息科技
运营推广实习生
NYQ文化
市场推广专员
壹乔传媒集团
营销实习生
荣誉技能
2012 国家奖学金

这种风格的页面左侧有一条从上到下贯穿的色块，色彩冲击力相对更强一些。页面设置的步骤与方式和简约通用型简历基本相同。但在设计时有几个注意事项：

（1）把所有的通栏标题都放在右侧，和右侧文字顶部对齐，方便读者定位信息。

（2）照片可以在添加阴影之后，放置在边栏交界处，采用“跨界立体法”呈现。

（3）右侧的板块千万不要使用过于鲜艳的色块背景，可以使用“白色底色+浅灰色矩形”或者“浅灰背景+白色矩形”。此外，也可以使用更为简洁的虚线作为内容分割线。

【实战小秘诀】

如果想要增加一些装饰，可以考虑在左侧添加一些白色图标，比如学士帽/书本/黑板/笔记/工作证/办公桌/电脑/扳手，等等。

风格3：渐变底色风格

第三种风格的简历色彩比例进一步升高，形成了极强的视觉冲击力。在设计渐变底色风格简历的时候，在大体内容和布局不变的情况下，以下三个细节需要格外留意：

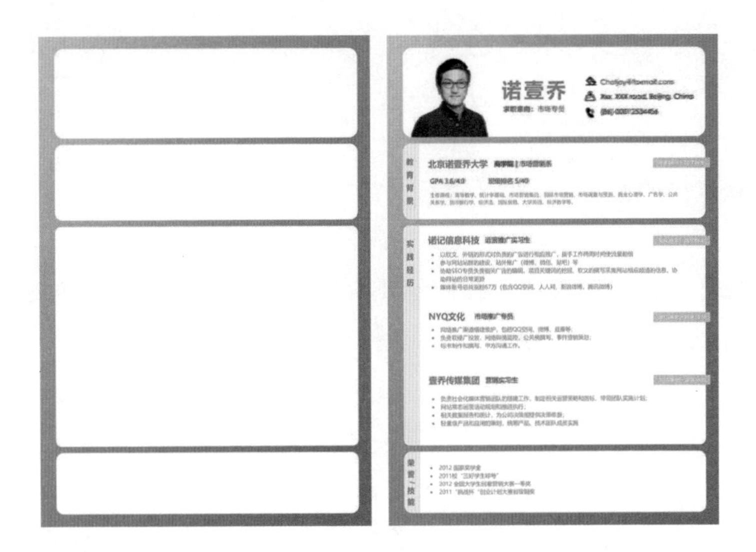

渐变颜色的选择

在渐变颜色的选择上，请各位放弃自行摸索渐变色的尝试。虽然渐变色非常时兴，可是用好渐变色是非常有技术含量的。同样是蓝绿渐变，从小清新到“辣眼睛”往往只是一步之遥。所以，如果你真想用好渐变色，请一定要去网上找专门的渐变图片来作为参考。

我们可以在网上找到你喜欢的渐变色，然后把它设置为你的PPT背景：

（1）右键选择设置背景格式，选择渐变填充。

（2）采用2到3个不同的光圈来调整颜色。调整颜色的时候，最好使用系统自带的取色器工具。

（3）渐变角度最好不要设置为0度或者90度，这样会让渐变稍微有些死板。我通常会使用45度或者30度。

圆角矩形的统一

渐变背景调整完之后，我们就要用白色的圆角矩形给页面划分板块了，这时候，我们会遇到第二个问题：倒角统一。

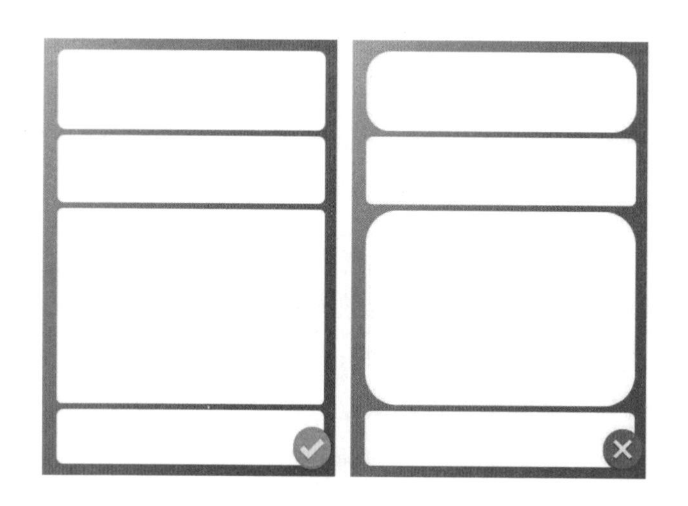

在绘制圆角矩形的时候，倒角会因为圆角矩形的大小而产生变化。越大的圆角矩形，它的四个角就显得越圆润。可是倒角不统一会让简历板块变得非常凌乱。我们可以通过左上角的黄色小圆点对圆角矩形的倒角进行调整，保证所有的圆角矩形倒角一致。

板块标题设计

如果简历内容较少，在各个板块之间的留白空间会很大。因此，你的标题可以选在板块的上方。可如果你的简历内容较多，那么上下往往都没有空间了，我通常会选择在左侧加入一个纵向的文字标签。

添加纵向标签的方法：

（1）绘制一个“圆顶角矩形”，然后将其旋转90度。

（2）将圆顶角矩形放到板块左侧。使用[CTRL]加鼠标滚轮，或者拖动右下角的缩放标签放大页面，这样才能看到可以微调图形的小黄点。然后，统一圆角矩形的倒角和背景板块。

（3）统一之后，再额外加入一个纵向的文本框，加入文字，可以使用“分散对齐”来调整文字间距，再把文本框放在圆角矩形上。最后，把文本框和圆角矩形进行组合，标签就做好了。

（4）我们可以用这个方法给三个版块都加上标签，方便读者了解这一板块的主题。同时，这个方法也不会浪费宝贵的页面空间。

总结提升

在本节，我们了解了如何设计个人简历。首先，我们谈到了好简历的标准：条件符合、能力匹配和排版清晰。

而在设计上，我们如何做到排版清晰呢？主要分为三大步骤，第一步是设置页面，第二步是划分区域，第三步是输入内容。

此外，我还介绍了三种比较经典的简历风格：

【简约通用风格】用横条的色块把页面分为四个区域，并且在相应区域内输入文字内容。这种风格制作简单，适用范围广，是最基础、最经典的一种简历风格。

【边栏色块风格】这种风格把页面划分为左右两个部分，左侧是一个连贯并且色彩鲜艳的色块，可以吸引注意，突出标题。而右侧则用来呈现具体文字。在放置照片的时候，推荐大家使用“跨界立体法”，并且，在划分板块的时候，尽量不要用过于鲜艳的色块。

【渐变底色风格】这种风格往往是采用鲜艳的渐变颜色作为底色，并在页面上放置多个白底圆角矩形划分板块。在设计时，我们要注意圆角矩形的倒角以及板块的标题。

5.2 熟练玩转微信朋友圈海报

微信已经成为手机上不能缺少的应用，而微信朋友圈也已成为一项非常重要的自媒体。很多人的微信上已经有超过4000人的微信好友，相当于一个小型媒体了。

可是，我非常遗憾地看到，很多人的朋友圈中宣传使用的图片质量都不高，甚至有很多图片由于多次转发，不但文字看不清楚，图片的色调甚至都有些发绿了。

如果我们自己能够设计一款简单的朋友圈海报，就可以摆脱网络素材的束缚，根据实际需要去设计产品或者活动的朋友圈海报图片。在本节，我就同大家分享设计朋友圈海报的经验和技巧。

◆ 朋友圈海报的三个特点

在设计之前，我们要先分析一下朋友圈海报的特点，然后才能对症下药。我认为朋友圈的海报有三个主要特点：

【抓眼球】只有图片抓住用户的眼球才能吸引他们点击查看，起到宣传作用。海报中通常要有吸引人的图片或者比较显眼的颜色，这样才能让你的朋友圈脱颖而出。

【文字少】因为朋友圈不是一个需要深度阅读的地方，大部分人是采取扫视的方式阅读海报的，所以海报上的文字要有重点，而且要精简。

【有引流】朋友圈海报一定要有明确的引流渠道，通常我们会用二维码来作为引流的入口，导向相关公众号、小程序、网站、APP，等等。所以，海报中要保留足够的面积用于放置二维码。

这些特点，总结起来就是一句话："图文贵精不贵多，扫码位置不能少。"

◆ 好做又好看的三种海报套路

了解了朋友圈海报的这些基本特点，我们该如何围绕这些特点去设计呢？我翻看了手机里几十种朋友圈的海报，从中总结了三种既好做又好看的套路：基础三段、交错横幅法、扁平层叠。

套路 1：基础三段法

基础三段法的设计思路非常简单，就是把海报从上到下划分为三个区域：图片区用来吸引眼球；文字区介绍活动内容；引流区用来放置二维码。接下来，我们来看看这种风格的海报是如何设计的。

【基础三段法】设计方法：

（1）将PPT页面设置为纵向16:9页面——这适合绝大部分移动终端。

（2）加入一张高清图片——图片一定要选择高质量的配图，因为这个区域是海报中最吸引人的部分。

（3）通过适当裁剪，把图片限定在页面的上1/2区域。

（4）添加文字内容。添加文字内容的时候，尽量以关键词或关键句的形式呈现，不要出现大段小字描述。我一般会将它控制在五行左右，通常是“1+4”或“2+3”的形式，即一行标题加四行正文，或者主副两行标题加三行正文。

（5）为了显得条理清晰，我们可以给文字关键句添加项目符号。添加文字的时候注意不要占满整个页面，在底部多留一些空间，为下一步放置二维码做好准备。

（6）给页面添加二维码图片。由于绝大部分二维码都是白底的，因此，会出现边界不明显的情况，可以添加阴影加以突出。最后，添加一个深灰色矩形作为衬底，引导用户把注意力集中到页面底部，促进转化。同时，我们还可以在深灰色矩形上增加一些例如“长按识别二维码”或者“名额有限，欲报从速”之类的引导语。

至此，基础三段法设计的海报就做好了。这种海报适用范围广，设计也简单，比较容易上手。感兴趣的朋友也可以尝试更多的背景颜色。但是，一定要记住——慎用过于鲜艳的颜色，推荐使用简约的中性色，比如杏仁色、灰褐色、咖啡色、银灰色，等等。

【实战小秘籍】

基础三段法的重点之一就是“头图”。关于“头图”的选择，我提供三个建议：

（1）产品图片尽量专注一个品类，避免因为同时呈现多个产品而导致观众抓不住重点；

（2）人物图片避免使用远距离全身照片，因为观众无法从照片中看清嘉宾的面貌和穿着；

（3）活动图片避免出现大合影、图片墙等缺乏重点的图片。可以立足于活动的单个细节，比如现场的摆设，参与活动的同事，活动的主视觉海报，等等。

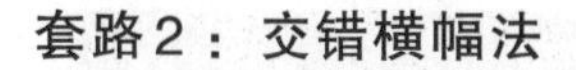

接下来是第二种方法——“交错横幅法”。不知道大家有没有见过这类海报——嘉宾履历照片“悬浮”于海报中，胸部以下空空如也，看上去仿佛被“腰斩”了一样。对于这类半身照片，我们要尽量避免这种“腰斩”情况的发生，解决办法是图片贴边，或者适当遮挡。而我最常用的遮挡方法，就是这种“交错横幅法”。

【交错横幅法】设计方法

（1）将页面设置为纵向，并在页面顶部添加人物照片。

（2）确定人物照片的大小，尽量选用半身像，占用页面大约3/4的宽度。确保人物照片是有背景的，因为无背景或者白色背景的人物图片设计成海报会相对缺乏视觉冲击力。如果人物图片确实缺少背景，可以去网上搜索一些简约的渐变色背景。

（3）目前图片区和文字区的分界线是水平的，我们可以添加一个直角三角形对图片进行遮挡，让图文交界线变成倾斜的，让页面的构图更有动感。这里要注意直角三角形不要太高，否则遮挡的图片区域太大。

（4）给页面添加一个平行四边形，并适当调整，使底边与分界线平行，侧边与页面平行。如果有必要，可以利用小黄点调整平行四边形的倾斜程度。

（5）将平行四边形的填充颜色和人物照片或者背景颜色相统一，长度调整为页面宽度大约2/3。然后，将平行四边形复制一次，置于之前的图形下方。将长度调整为大约1/3，颜色调成更深的颜色，和之前的平行四边形交错排列。这两个平行四边形就对人物照片进行了很好的遮挡。

（6）我们可以在两个长短不同的平行四边形上分别添加两个文本框，输入主副标题。

（7）添加剩余文字和二维码（注意事项与“基础三段法”基本相同）。

由于倾斜排版的缘故，这一方法会使“基础三段法”更加活泼，富有动感。同时，交错横幅的出现，也避免了嘉宾或讲师照片被“腰斩”。

套路3：扁平层叠法

上一节提到的渐变底色风格也适用于我们要讲的朋友圈海报。在这一节，我再拓展一种类似的风格——扁平层叠法。

【扁平层叠法】设计方法

（1）先给页面添加一个底纹背景。底纹素材可以到“图鱼”（hituyu.com）下载。这个网站上有各种各样的底纹素材，并且可以在线预览底纹的平铺效果。下载好之后，在页面上点击右键，选择[设置背景格式]，再选择[图片或纹理填充－本地文件图片]，找到刚才下载的底纹图片。最后，选择[将图片平铺为纹理]。注意，WPS上也有这个功能，在[放置方式]菜单里选择[平铺]即可。

（2）在页面上绘制两个矩形，一红一白，都添加黑色粗线作为边框。将两个矩形微微错开，层叠摆放，并将两者组合。

（3）将矩形组合复制三次，调整一下矩形之间的间距位置，保证不会出现偏移的情况。这样，四个放置文字内容的区域就添加完毕了。要注意，在最后一个板块中，白色矩形稍微缩短一些，留出一部分红底放置二维码。

（4）将文字添加到板块中心，对齐摆放。最后，将二维码放置到右下角，添加黑色的粗线作为边框，与整个海报的风格统一。

使用这种风格做出来的海报，属于时下流行的扁平风格，看上去工整清晰，也是一种适用范围很广的经典风格，大家可以多多发挥创意，看看能不能用在自己的朋友圈中。

总结提升

在本节中，我们学习了朋友圈海报的设计技巧。首先，朋友圈海报有三大特点：要抓眼球，吸引点击；文字要少，便于扫视；要有引流，促进转化。总结一下就是一句话：图文贵精不贵多，扫码位置不能少。

此外，本节中还介绍了三种简单易做的朋友圈海报套路：基础三段法、交错横幅法、扁平层叠法。

基础三段法就是把页面纵向分为图、文两部分，最后在底部添加二维码；

交错横幅法是在页面中部增加一个遮挡的横幅，让图文衔接更加自然，富有动感。

扁平层叠法则是采用简洁底纹当作背景，用层叠的白色矩形划分板块，最后填入文字内容，这也是一种简洁清晰的海报风格。

5.3 制作酷炫短视频和 vlog（视频博客）封面

◆ 好封面=点击量

短视频现在火得一塌糊涂，无论上班还是下班，你只要在地铁上四处瞄一眼，就会发现，一半以上的人都在刷短视频。我出差坐高铁，几乎每次都能遇到前后座乘客在刷抖音或者快手。回到家，躺在床上，很多人依然是抱着手机看短视频，哪怕半夜醒来也要刷几条短视频。

随着各大互联网公司纷纷入场，视频这个风口的参与者也变得越来越专业。如果你也是一名视频博主，可能会思考一个问题——如何让你的视频获得更多的点击呢？答案很简单：设计好视频的封面图。我们都知道，人是视觉动物，视频的封面图对于观众的吸引力远比视频标题大。

很多人会认为，视频封面难道不能从视频里直接截取某个画面吗？很多平台也提供这种功能，不过，单独的视频截图有时并不足以让观众 get 到视频的关键内容。比如，你想学习 PPT，在网上看到下页这两个视频封面，你会点击哪一张封面图呢？显然是下面这个。

所以，专门设计的封面图比视频原始截图更具有吸引力。

◆ 视频封面的特点

好的视频封面可以用四个字总结：噱头突出。

比如知名视频博主Papi酱，她的每个视频都有独立的封面。仔细观察一下，你会发现，她的视频中，几乎所有封面图都是“人物图片+噱头标签”，比如春节、红包、甲方乙方、世界杯、宫斗……几个关键词就可以让观众了解视频的主题和噱头。

Papi酱有一个MCN公司，旗下有许多视频博主，他们的视频封面基本也都是“人物+标签”的形式。

如果你也想设计出好的封面图，也可以采用类似的方式——用精美图片加上文字标签，帮助观众更快找到视频的亮点。

◆ 懒人常用的三种封面套路

告诉你三种经典的视频封面套路：抠图挡字法、叠字贴纸法、曲线背景法。

套路1：抠图挡字法

在选择视频封面时，我们要尽量挑选主体突出的图片。而文字注释如果能和图片主体形成互动就更好了。抠图挡字法就是一种很好的方法。很多视频封面都会把人物从背景中扣除出来，再把文字衬在人物背后当作背景（如上图）。

接下来，让我们看看这个效果是如何设计的吧！

【抠图挡字法】设计方法：

（1）将PPT设置为16∶9宽屏。

（2）挑选一张主体明确的图片，最好选择背景分界线明确的，这样抠图会更加方便。

（3）将图片铺满页面屏幕，通过[裁剪－填充]避免变形。还可以适当放大和平移，将主体移至页面一侧，保证页面有足够空间放置文字。

（4）图片位置确定之后，复制一张图片，用PPT、美图秀秀或者抠图网站将主体扣除出来。此时，我们就有了一张带背景的原始图片和抠除背景的透明图片。在抠除背景的时候，不必要求所有边缘都抠除干净，只要保证图片主体和文字交接区域清晰就可以了。比如案例中，只要确保从头部到手臂的区域抠图没问题就可以。至于讲台部分，可以适当放宽要求。

（5）将透明图片裁去多余透明部分，添加一定阴影，增加层叠效果。然后，把透明背景图片放在页面空白处备用。

（6）输入文字，选择合适的字体和大小，将其放置于页面的空白区域。为了方便阅读，文字最好控制在两行以内，每行不超过六个字，内容要体现视频内容的亮点和噱头。

（7）将透明图片置于顶层，盖在文字上方。

抠图挡字法不但适用于人物型的视频封面，也适用于建筑图或者静物类的视频封面。比如，我就用威尼斯的图片设计了一份抠图挡字的游记封面图，效果是不是很不错？

套路 2：叠字贴纸法

封面图通常是主体特别明确的，比如旅游视频可以直接用地标性建筑，脱口秀视频的封面直接就可以用博主本人的照片。可是有的视频的内容会包含多个主题，比如美食视频，可能要介绍好几道菜；美妆视频，同时要“种草”好几个产品。

那应该如何在封面图中体现主题呢？我们可以采用第二种方法——叠字贴纸法。

【叠字贴纸法】设计方法：

（1）选择一张背景图，这张背景图要能体现视频的主题，为封面图提供氛围。可以将图片铺满整个页面，用裁剪填充避免图片变形。

（2）添加完背景图之后，我们需要选取我们想额外呈现的视频内容。比如上页案例中，我想放置一块蛋糕和一个咖啡豆研磨机，以呼应咖啡馆的主题那么我在选取图片的时候就可以选择透明背景的图标，也可以选择真实的图片进行抠图处理。总之最终的图片一定要是无背景的。

（3）图片选完之后，我们就要将它们设计成贴纸效果了。处理方法也很简单，首先点击[插入－形状]，在线条区域找到[任意多边形]。这时候鼠标就变成了十字准星，我们可以在图片周边开始设置锚点。设置锚点的时候要注意几点：①一定要记住起始点，只有图形闭合之后才能完成多边形的绘制；②不要按着鼠标不放，而是间隔一段距离点一下，设置一个锚点；③锚点要距离图片边缘有一段距离，回到原点之后，多边形要比图片大一圈。

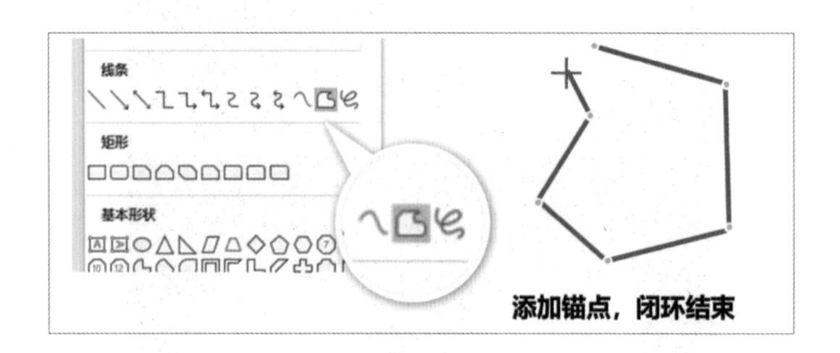

（4）多边形绘制完毕之后，设置为白色无边框。接下来，我们在多边形上点击右键，下移一层，并同时选中图片和多边形，将它们进行组合。于是，一张贴纸就做好了。用同样的方法把剩余的图片设计成贴纸，并将贴纸排列在页面一侧。

（5）接下来，就该给页面添加标题了。由于视频背景图一般比较杂乱，所以我通常会使用深浅双色叠加的方法呈现标题。这个套路和上一节中第三种扁平层叠法有些类似。可以先输入一行深色的标题，设置好字号和字体。然后复制一次，微微交错摆放，设置成白色。这样，无论是深色背景还是浅色背景，这行标题都可以完美显示。

最后要说一个注意事项：建议大家把贴纸控制在三个以内，否则页面太挤，凸显不出重点。

套路3：曲线背景法

最后，我们再来学习一种相对通用的视频标题添加方法——曲线背景法。在呈现文字时，为了便于读者阅读，我们通常会用几何图形衬在文字下方。之前内容中提到的文字背景通常都是规律的几何图形。而在这一节，我们来学习一下柔和灵动的曲线背景是怎么绘制的。

【曲线背景法】设计方法：

（1）插入文字，设置好颜色和字号。如果文字有两行，可以增加对比或者让文字微微错位，避免单调。

（2）当文字确定之后，我们选择[插入－形状－曲线]。和任意多边形一样，绕着文字周边绘制一圈曲线。绘制的时候，要注意和文字轮廓保留一定距离。当曲线闭合的时候，一个柔和的文字背景就完成了。起初你要适应一下曲线运动的规律，但只需绘制一两次，你就能掌握添加曲线的技巧。感兴趣的同学还可以再加入一些圆形作为装饰。

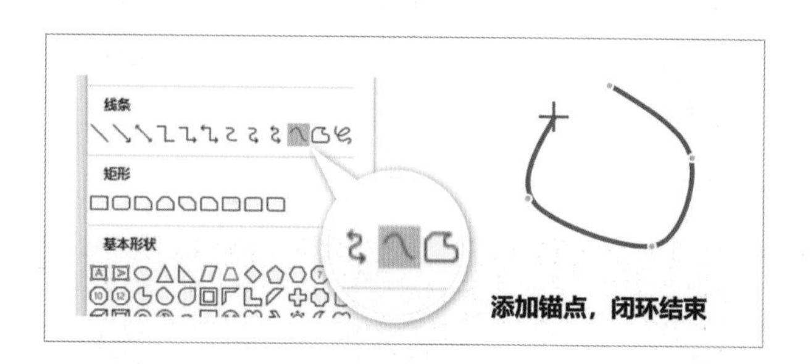

（3）将曲线背景设置为白色，下移一层放置于图片下方。同时，选中文字和背景，打包组合，这样，视频文字的标题就设计好了。

测试与拓展

至此，关于视频封面的三种经典风格已经全部呈现完了。这时候，我们回头再看一眼课程开始前的案例。所谓“外行看热闹，内行看门道”，你是不是已经可以看出里面的门道了？

由于原始图片比较花哨，不太适合抠图，所以我采用了后两种方法——叠字贴纸法和曲线背景法，位于正中的标题添加了曲线背景，而角落里的PowerPoint图标采用了贴纸的方式进行呈现。

这一节中提到的三个套路不但可以用于横屏的视频封面，也可以用于设计视频的封面图，比如抖音、快手、微视等应用的封面。无论是横屏还是竖屏，背后的套路都是一样的。

总结提升

在本节内容中，我们学习了视频封面图的设计。由于视频封面图肩负着吸引点击的重任，所以我建议不要采用纯图片形式，而是用图文结合的方式。

经典的风格有三种：

（1）抠图挡字法：适合背景纯净、主体突出的图片——对主体进行抠图，并覆盖在文字关键词上。

（2）叠字贴纸法：适合多个元素的呈现，用贴纸的形式增加封面图的信息量。关于文字标题，我们采用了深浅重叠的方式，保证文字的可读性。

（3）曲线背景法："曲线背景+文字标题"是一种经典套路，在很多视频封面图中都能看到。

5.4 hold 住新媒体的长图

在本书的最后一节，我们来学习一下新媒体长图。如今，手机已成为阅读的主战场，和长篇文稿相比，这种图文并茂的长图的阅读体验显然更好，保存和传播也更方便。在这一节中，我们将学习如何用PPT完成新媒体的长条设计。

◆ 没有标准尺寸，学会化零为整

长图的高度往往由文章的篇幅决定，这也意味着长条图没有所谓的“标准尺寸”。如果文字内容有增减，图片高度也要发生相应的变化。因此，我们做PPT时，不要把所有信息放在一页PPT上，而是应该把它们放在多个页面上，最后化零为整，拼接起来。同时，我们也要考虑读者的阅读体验，最好用一些装饰元素把页面串联起来，增强一体性。

◆ 简单且易上手的三种设计风格

在这一节，我给大家介绍三种相对简单的长图设计风格：板块风格、纸条风格和卡片风格。接下来，我们就以几部电影简介为案例，用这三种风格设计不同的新媒体长图。

风格1：板块风格

板块风格是最基础也最方便的设计风格，我们先用这种风格来学习长图的设计步骤和一些基础技术。

我用PPT页面把合成长图分成了三类：抬头页、结尾页和内容页。

（1）抬头页要有清晰的标题，让观众点开图片就能明白所有内容的主题。

（2）结尾页内容则较少，往往是一些结语或者参考资料与联系方式。

（3）内容页四周一定要有足够的留白，切不可“顶天立地”地排版，否则拼接起来后会显得毫无段落，不方便阅读。

【板块风格长图】设计过程：

（1）将页面调整至16∶9比例。挑选一张能增加视觉冲击力的背景图——我选择了鞭炮图片，这样比较符合春节的氛围。图片选择一定要遵循“宁缺毋滥”的原则，因为抬头决定了长图阅读的第一印象，所以宁可不放，也别用粗制滥造的图凑数。

（2）由于我选择的图片属于一侧留白型，所以我把标题放在了空白处。为了让文字更有设计感，我选择把“2019”放大，而“春节档”则调整为竖排版。最后，我把“电影介绍”作为副标题放在了下方。

（3）添加一个上下渐变的矩形——一方面可以弱化图片，但更重要的是为了把图片底部调整为纯色。至此，抬头页就设置完了。

（4）开始设置内容页。将每部电影的图文内容进行大致的排版，比如文字对比、图片对齐，等等。但是，一定要注意，如果PPT的背景色每页都是白色，最后拼接出来会缺乏变化，显得很单调，所以我一般会采用白色和PPT主色穿插的方式进行合成。因此，我把1、3、5页维持白底，2、4页调整为红色背景。这样，阅读的时候页面就有所变化。

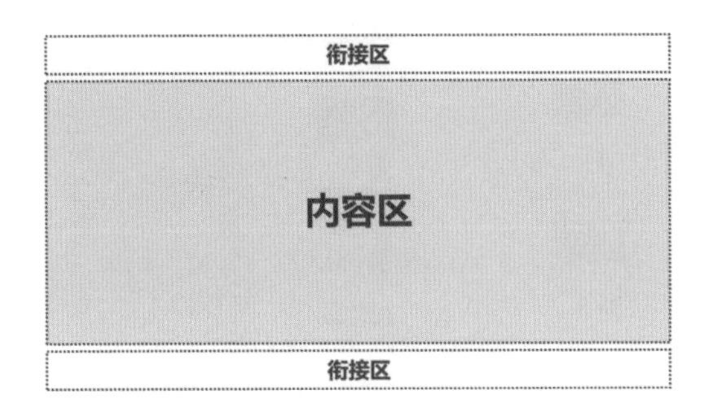

至此，内容页也基本处理完了。看一看总体的效果：选择动画里的[推进]动画，在效果选项里选择[从下往上]。这样，我们播放PPT的时候就能模拟从上往下滑动阅读的效果了。但问题也随之而来——由于页面背景红白分明，会使得PPT拼接的痕迹比较重。怎么办呢？我们可以在内容上下留白的区域添加一些衔接元素。比如，我在页面顶端添加了一个小的等腰三角形，颜色和上一页的底部颜色相同，这就形成了连接的效果。这时候，你应该知道为什么我要把封面页底部调整成纯色了吧？就是为了连接自然。

（6）我们还需要设置一页结尾页。结尾页可以放置联系方式或者二维码，如果没有，也可以写一段文字作为收尾。最后，再绘制一个红色矩形，添加一个同样的等腰三角形作为衔接，这样，结尾页就做好了。

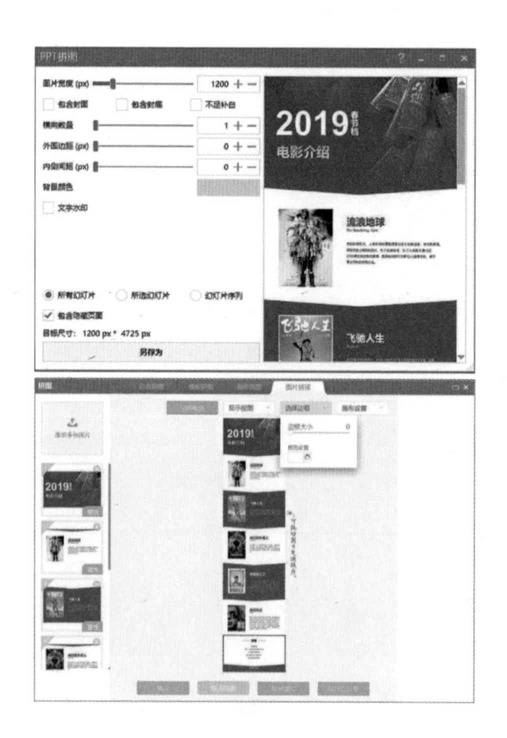

（7）全部页面做好后，该怎么拼接起来呢？我给大家介绍两种方法：iSlide和美图秀秀。

【iSlide拼图】

我在之前提过iSlide插件，虽说里面有些素材只有VIP会员才能使用，但是插件本身是免费的。安装插件后，找到里面的拼图功能，取消封面封底的勾选，横向数量选择“1”，外围和内侧间距都选择“0”。最后再点击[另存为]，图片就拼接完成了。

【美图秀秀拼图】

美图秀秀软件也可以进行拼图：

（1）在PPT中选择[另存为]，选择JPG或者PNG，把PPT另存为图片。

（2）打开美图秀秀，选择[拼图功能]，打开第一张PPT图片。

（3）点击[添加多张图片]，勾选其余所有PPT。

（4）选择[边框大小]为0，点击[确定]，另存为图片即可。

拼接完毕后，一条多媒体长图就设计好了。

风格2：纸条风格

我们刚才介绍了第一种设计风格“板块风格”。接下来，我们来介绍第二种纸条风格。如果我们把PPT想象成一张画纸，长条图就相当于一张长长的纸条，我们可以直接将长图设计成纸条。

【板块风格长图】设计过程：

（1）因为纸条是白色的，如果页面背景也设成白色的，就看不出来了。所以，首先就是给PPT页面设置一个非白色的背景色。如果你不知道选择什么颜色，可以用上一节提到的底纹。设置好底纹后，点击[应用到全部页面]，那么之后添加的PPT页面就都是这个底色了。

（2）在抬头页添加一个白色的矩形，顶端和左右两侧留有一定的空白，底部紧贴边缘。可以给矩形添加一点儿渐变色，让矩形顶端微微有一点儿灰色，显得立体感更强一些。

（3）至于标题，和第一种风格基本相同，只是缺乏了背景图，可能会有些单调。我们可以搜索一些小图标来装饰抬头页。比如，我就在2019的“9”字上放了一卷影片胶片作为装饰，还在页面顶端加了一些灯笼，以体现新春气氛。

（4）接下来开始设计正文页。正文页采用同样宽度的白色矩形，上下“顶天立地”，便于衔接。由于纸条风格的矩形颜色统一都是白色，可能会有些单调，所以我把图文的位置偶尔交换一下，让页面有些变化。

（5）在最后的结尾页，我增加了两个小装饰。一个是三角形的锯齿，可以让白色矩形看起来更像是撕扯下来的纸条。做法很简单：绘制一个白色小三角形，用[Ctrl+D]复制一下，挪到侧面。以此类推，复制一整行，组合之后调整宽度，让锯齿宽度与矩形同宽就可以了。

（6）另一个装饰是印章。在网上有很多在线生成印章的网站，我用的是“制图网”的在线公章生成器（http://makepic.net/Tool/Signet.html），生成的PNG图片是透明背景的，可以直接放在结尾页的右下角，更加突出纸张。

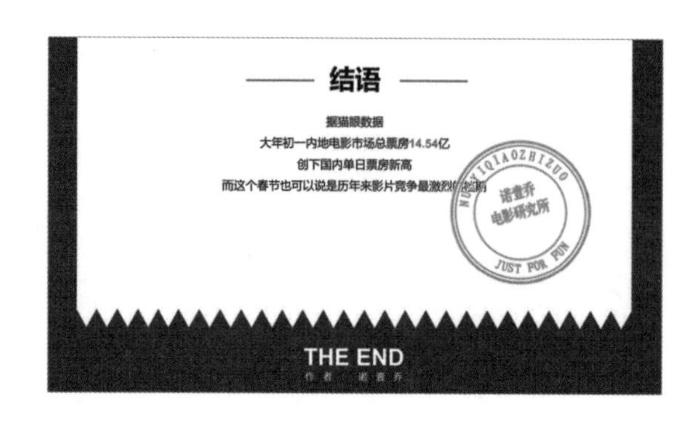

风格3：卡片风格

卡片风格的页面底纹和内容排版与之前两种风格大同小异，但是不同的是，它的内容页的排版采用了带阴影的白底矩形，在底纹上显示成一张卡片的样子。

你可能会问：通过一张张卡片拼接出来的长图不会丧失连贯性吗？这是一个好问题，所以我采用了另一种方法来串联不同的页面——图片裁剪。

2019
春节档
电影介绍
流浪地球
The Wandering Earth
飞驰人生
Pegasus
疯狂的外星人
Crazy Alien
新喜剧之王
The New King of Comedy
廉政风云
Integrity
结语
大年初一内地电影市场总票房14.54亿
THE END

在iSlide插件里有一个插图库，里面有很多矢量插图，它们都是可以随意缩放和更改颜色的。我随意挑了几个，准备把它们放在卡片与卡片之间的交界处。如果你没有安装插件，也可以上网寻找相应的图标或者卡通图片。

【卡片风格长图】设计过程：

（1）将插图缩放至合适大小，适当旋转，增加画面活泼感。我们不能直接裁剪，而是需要把图片剪切、粘贴一下，选择[粘贴为图片]，这样二次生成的图片才可以进行水平裁剪。

（2）裁掉超出页面边界的部分，留下一半图片，然后再复制一次，粘贴到下一页的同样位置——不要移动图片，而是选择裁剪功能，还原另一侧图片——两张互补的图片就裁剪好了。按住[Shift]，移动图片，将其垂直移动到页面的对应位置。这样，两个页面中就能够各有一部分图片，在拼接的时候可以形成一个整体。

（3）利用这个方法，给每个页面的角落都添加上图片。拼接完成后，这些点缀的小图标就可以把这些卡片串联为一张完整的长图了。

总结提升

在本节中，我们学习了如何设计新媒体长图。设计长图时，我建议使用“化零为整”的办法拼接图片，便于根据不同的篇幅调整长图的高度。同时，我们还要注意利用装饰元素衔接各个页面，保持长图的连贯性。最后，可以用iSlide插件或者美图秀秀等软件进行串联。

这里有三种经典风格：

（1）板块风格。

这是最基础的风格，可以在各个板块之间穿插不同的颜色，但最好在顶部和底部利用图形进行一定的衔接。

（2）纸条风格。

利用“背景+白色矩形”的方式呈现纸条元素。在抬头和结尾处可以用渐变、锯齿和印章增加设计感。

（3）卡片风格。

同纸条风格类似，它是把完整的纸条拆散为多张小卡片，并利用装饰小图进行裁剪串联。

附录
APPENDIX

懒人PPT自查手册

在PPT学习的过程中，有很多容易被忽略的小问题。这些问题既不是操作问题，也不是思路问题，却给学员带来了不少苦恼。在最后这部分，我把其中高频出现的问题总结列出，方便有类似困惑的朋友自查解决。

问题1：PPT和WPS应该如何选择？

虽然我们总说PPT这个词，但严格来说，PPT只是PowerPoint这个软件的文件后缀而已。除了PowerPoint以外，还有一些软件也同样可以制作幻灯片。关于软件选择的问题，我已经被问过很多次，所以在自查手册里进行一个完整的叙述：

最佳选择：微软Office软件

PowerPoint属于office套件的一部分，是职场中最普遍的软件，也是我个人最推荐的幻灯片软件。由于在电脑系统方面，微软占据了绝大部分市场份额，所以背靠微软的Office套件就成为最稳定、兼容性最好的软件之一。

我个人比较推荐购买office 365版本。个人版仅需￥398/年，大部分人都可以接受。如果你和几个朋友一起分享一个家庭版office，那6个人仅需￥498/年，平均下来一年都不到￥100。你也可以去“数码荔枝”这类店铺去购买正版office激活码，价格往往会比官网更优惠一些。

我有很多台电脑，使用office会重复收费吗？不会。因为使用office的时候需要你注册自己的微软账号，只要登录的账户是相同的，你完全可以在5台不同的设备上使用office 365。比如，我就在我的公司windows电脑、个人mac电脑、手机和平板电脑这4台设备上同时登录了自己的账号，不会重复收费。

官网：https://www.office.com/

个人免费：金山WPS软件

金山公司的WPS也是老牌的幻灯片软件。和office相比，WPS最大的特点就是个人版本永久免费。虽然和office相比有一部分功能缺失，比如图片着色、离线抠图、布尔运算等，但基本可以满足日常幻灯片的制作需要。

WPS最大的弱点是广告太多，软件开发和维护的成本都很高。所以，WPS安装到电脑上之后，它会把握一切机会打广告让你开会员：云备份要会员，在线抠图要会员，PPT导出高清图片要会员……而且会员收费还有两种，下载素材的稻壳儿会员和拓展功能的WPS会员，还有二合一的超级会员……

用我一个朋友的话说，office和WPS的使用体验是“做PPT的间隙看广告，和看广告的间隙做PPT”。作为一个追求简洁和效率的人，我还是觉得微软“一手交钱一手交货”的模式清楚直接，花点小钱求个清净还是值得的。

官网：http://www.wps.cn/

简单小众：苹果Keynote软件

苹果公司的办公套件iwork里也有制作幻灯片的软件keynote。keynote和PowerPoint相比，界面更简单，最高分辨率更高，动画效果也更炫，因此很多发布会都爱采用keynote来制作幻灯片。

keynote的缺点也是十分明显的——仅限Mac电脑。这就造成了很多协作上的不便，如果你的工作是独立完成的还好，但是如果需要和同事协作。那你可能需要购买苹果应用商店里的office for mac软件了。

官网：https://www.apple.com.cn/cn/iwork/

问题2：PPT到底用4∶3还是16∶9的页面？

在设计PPT的时候，还有一个非常非常重要的问题：PPT页面比例怎么选？这可能是困扰很多人的问题。为了方便讲解，我们接下来统一把16∶9比例的PPT称为“宽屏”，而4∶3比例的幻灯片称为“普通屏”。

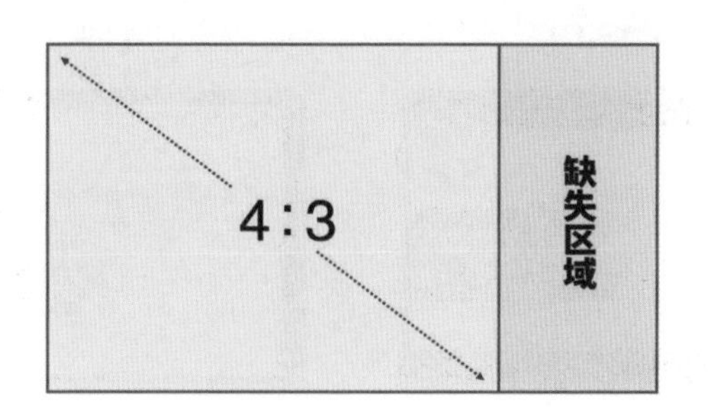

如今无论手机还是电脑显示器，基本都是宽屏的，所以宽屏的设计自然成了主流。除此之外，宽屏PPT流行还有另一个隐藏原因：宽屏排版更容易。当我把这两个比例的幻灯片重叠的时候，我们看到普通屏缺失的一小块区域。而这块区域则是普通屏的致命伤。在PPT里呈现文字往往都需要保证文本宽度，否则过于频繁地换行会让观众的阅读过程支离破碎。

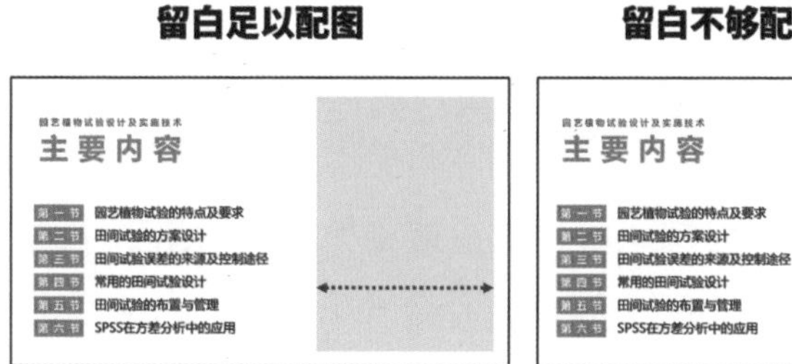

宽屏PPT由于宽度足够，在文字正常呈现的前提下，留白区域还足以放入一张图片。而普通屏由于缺失了一大块面积，留白区域再放图片则十分勉强，往往必须“弃图保字”，或者只能采用上下结构的页面。

很多人用4:3的普通屏的主要原因并不是出于设计方便，而是大部分投影仪幕布是4:3的比例，使用普通屏比例的PPT可以全屏显示。可是在实际演示的时候，宽屏显示的效果并没有那么差，虽然有黑边，但是并不影响观众阅读。更何况现在很多公司都已经开始使用宽屏的液晶电视或LED屏幕，完美搭配宽屏PPT。

综上所述，宽屏PPT适合屏幕更多，设计排版更灵活，推荐大家默认使用16:9的宽屏PPT。

问题3：出差没网络，如何完成一份PPT？

做PPT最怕就是时间不够，其次就是怕没有网络，不能搜素材。有一次，我在出差过程中被告知要临时做一个分享。当时我离分享只有一下午加一晚上的时间。而且更要命的是，在这半天当中，我大部分时间还都在路上，要么在高铁站，要么在飞机场。当时还没有4G网络，机场也没有免费的Wi-Fi。可谓是叫天天不应，叫地地不灵。

最后我还是顺利完成了这份PPT，主要有三点秘诀：

（1）理清结构

前文提过，工作型PPT的结构清晰是最优先的需求。所以我们可以按照金字塔原则，梳理出整个PPT的总论点、分论点、论据支撑。只有内容过关了，才能进入到PPT设计阶段。

（2）总结金句

由于时间紧任务重，PPT不可能做得太华丽，但是我们可以在内容上设计一些亮点吸引观众。比如，为每个章节起一个引人注目的标题；为复杂的知识点总结出一个精辟的结论；在总结的时候写几句押韵的顺口溜等。这些方法都可以让平淡的内容变得更有吸引力。

（3）图文结合

不要误会，我并不是让大家把宝贵的时间拿去网上搜图片。出差途中时间和网络环境都不允许，我这里说的图文结合主要指的是示意图。

如果PPT中只有大标题或者关键词，很多稍微复杂一些的概念和流程就无法解释。而这些复杂的概念如果用大量文字呈现，观众容易疲劳。这时候画一些简单的示意图就非常有用了，比如简单的组织结构图、工作流程图、商业模式图等。这些内容都很难用纯文字表现。

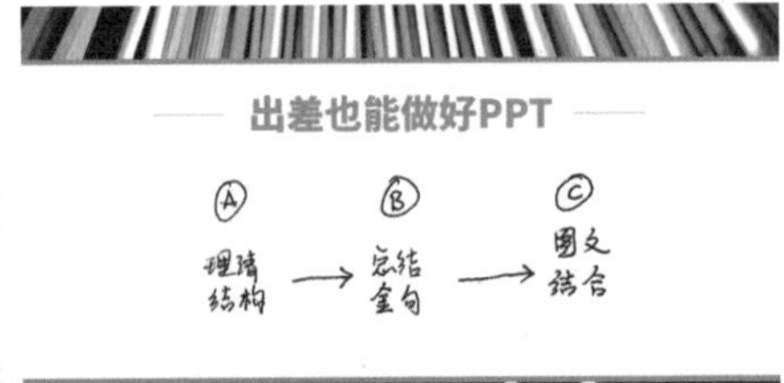

但是在PPT中绘制这些示意图，则是个非常烦琐的工作。熟练操作的高手都需要花上一段时间，更何况在出差的飞机上或者机场呢。所以我建议用纸笔解决。用纸笔画好示意图之后，可以用手机上带有扫描功能的应用进行扫描，比如扫描全能王，有道云笔记，甚至是iPhone自带的备忘录都可以实现扫描功能。各种扫描的应用会自动搜索文档的边界，矫正偏移，把你手绘的示意图变成一个白底黑字的图片，可读性非常高。这样的图片稍加裁剪，放在PPT里十分清晰，效果很不错。

把这三个部分的内容放进公司统一的PPT模板里，一份清晰实用的PPT就完成了。以上就是我对于一些临时接到的、紧急的演示或者演讲的一些处理建议。希望能够帮助你在遇到紧急情况的时候，理清思路，轻松应对。

问题4：为什么PPT导出的图片会很不清楚?

很多PPT水平还不错的朋友在日常可能会用PPT做一些小设计，然后把PPT导成图片的时候就遇到了一个头疼的问题——PPT另存为JPG格式图片的默认分辨率通常是960 × 720和96dpi，有的时候还会出现图片压缩的模糊情况。这种情况我们可以通过两种方法来解决：

（1）先把PPT导出为PDF，然后利用PDF阅读器把PDF导出成为图片，绕开了PowerPoint对于分辨率的限制。

（2）破解office的注册表限制，提高PPT导出图片的分辨率，方法如下。

破解注册表方法如下（限windows电脑）：

1. 在“打开”框中，键入 regedit，然后单击“确定”运行注册表编辑器。

2. 将注册表展开到（其中下面的xx是对应你所使用的Office版本，office 365的版本号是16.0）：

HKEY_CURRENT_USER\Software\Microsoft\Office\xx.0\PowerPoint\Options

3. 在选中了“Options”项的情况下，在“编辑”菜单上，指向“新建”，然后单击“DWORD 值”。

4. 键入 ExportBitmapResolution，然后按 Enter 键。

5. 在选中“ExportBitmapResolution”的情况下，单击“编辑”菜单上的“修改”。在“数值数据”框中，根据下表键入您想要的分辨率值。

键入数值	导出图片尺寸	导出图片分辨率
96（软件默认）	960 x 720	96 dpi
100	1000 x 750	100 dpi
200	2000 x 1500	200 dpi
300	3000 x 2250	300dpi

6. 单击“十进制”，然后单击“确定”。

7. 在“文件”菜单上，单击“退出”以退出注册表编辑器。

【特别注意】新建 DWORD 值的时候，不管你的系统是32位还是64位，也不管你的PPT软件是32位还是64位，一定要选 32 位 DWORD。

致谢

Acknowledgements

我没想到自己居然当了6年的自由职业者。我也没想到，15年前我躲在房间琢磨的一个软件，后来能成为我的职业，并且还出了两本书。

我写这本书的动机有三个。首先就是希望化解PPT焦虑。在进入移动互联网时代之后，电脑上大量的工作都可以在手机上实现。可PPT如今依然是个职场的热门话题。让PPT热度居高不下的就是背后隐藏着的焦虑感。有的人焦虑设计没思路，有的人焦虑模板不切题，有的人焦虑操作学不会，有的人焦虑效率跟不上。每天晚上都有无数人掉着头发，熬着夜去做PPT。短期之内，PPT仍然会是兼容度最高、学习成本最低的演示工具。可是我也受够了它带给人们的焦虑感。正如这本书的开头所说的，我不期望PPT变成所有人的特长和爱好，但是我希望能够用最快的速度让它不再成为关键时刻拖后腿的短板。

其次是对于“偷懒”这个信念的坚持。我的微信、微博名称都叫作“懒人诺壹乔”，可是很多人一旦对我的生活有所了解就会感叹其实我一点都不懒。作为一个自由职业者，把自己变成一支小团队是常态。可正是因为这种身兼数职的状态，让我必须学会偷懒，不断给自己减负。在自由职业的这6年里，有过凌晨4点半坐在床上大哭崩溃的时刻，也有连续出差5天在4个城市连轴转的时刻。我可不想说什么“未来的你会感谢现在拼命的自己”那些鸡汤话，我反而认为那些能保质保量快速完成任务的人才是自己值得学习的对象。所以我一直会把“懒人”这个前缀挂在名字前面，提醒自己提高效率，解放自己。

最后就是对“书”的尊重。在完成了第一本书之后，我对于书这种载体就有了完全不同的认识。书本也许是你能找到的质量最稳定、知识浓度最高、价格最便宜的学习途径了。特斯拉和SpaceX的创始人马斯克就曾花2年时间自学了火箭的设计原理。他表示自己知道SpaceX自研火箭的每一个细节，比如表面材料的热处理的全部过程，哪里发生了什么，为什么选择这种材料。一切都来自书本这种看似没什么吸引力的媒介。可惜，如今可以踏实通过阅读书籍进行自学的人也成为珍贵的少数了。因此我要向看到这里的你表示我最高的敬意。

一路走来，我能够有所成长和精进，要感谢PPT圈子里的众多好友，感谢多年来给“诺记点评”这个栏目投稿的所有“诺友”。同时要感谢个人发展学会的诸位同事，没有他们的努力，这本书不可能顺利出版。尤其是编辑易晶，一年多来无论是课程还是书籍，陪伴我度过了痛苦的死磕阶段。

最后要感谢我的妻子，自由职业意味着工作对于生活全方位的干涉。家里一大半的空间和几乎全部的时间都会被工作所渗透。没有她的支持，我的成就和头发都会比现在少得多。

希望这本书能够成为一本对众多“PPTer”有意义的书。别焦虑，做个聪明的偷懒人。

想了解更多PPT技巧和案例分析，欢迎通过微博或微信与我取得联系：

【新浪微博】@懒人诺壹乔

【微信公众号】@懒人诺壹乔